图 2-7 乐羊羊系列卡通造型设计效果

图 2-19 喜太阳系列卡通造型设计效果

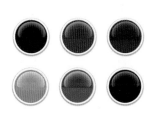

图 2-39 水晶按钮设计效果

图 2-40 猴博士卡通造型设计

图 2-41 丫丫卡通造型设计

图 3-1　禁止吸烟标志设计

图 3-22　商业标志设计效果

图 3-14　中华人民共和国国庆 60 周年标志设计效果

图 3-34　CNBC 商业标志设计效果

图 3-35　Adobe 标志设计效果

图 4-1　灯泡造型设计效果

图 4-32　耳机造型设计效果

图 4-52　数码产品造型
设计效果（一）

图 4-53　数码产品造型设计效果（二）

图 4-54　眼镜造型设计效果

图 5-1　精美插图设计效果（春曲）

图 5-14　精美插图设计效果（旋律）

图 5-40　花卉元素插图设计效果

图 5-42　传统元素插图设计效果

图 5-43　现代元素插图设计效果

图 6-2　包装效果图案例（一）

图 6-12　包装效果图案例（二）

图 6-22　包装效果图案例（三）

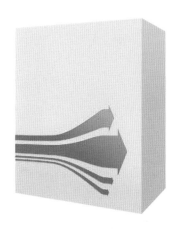

图 6-49　包装主展示面图形设计案例（一）

图 6-56　包装主展示面图形设计案例（二）

图 6-62　包装主展示面图形设计案例（三）

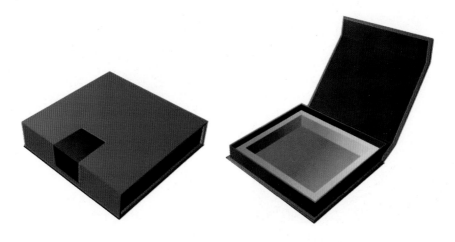

图 6-88（b） 包装盒设计效果

图 6-89（b） 手提袋袋体造型设计效果

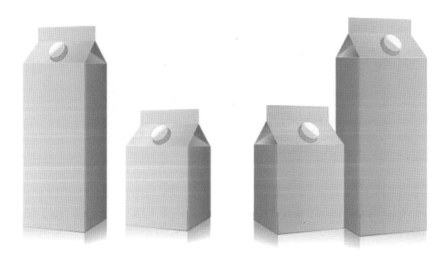

图 6-90 产品包装设计效果

图 7-11 "图行天下"字体标志设计（二）

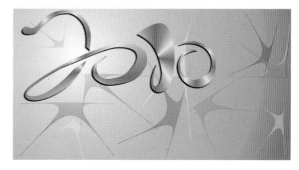

图 7-53 "2010"精美数字设计效果

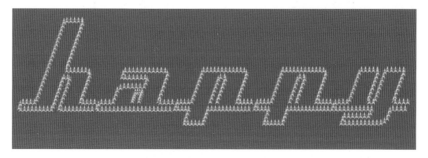

图 7-26 "happy"特效文字设计效果

图 7-68 "新年快乐"字体设计效果

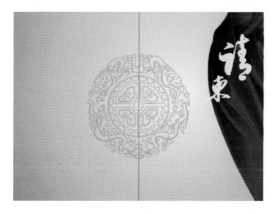

图 7-70 请柬设计效果

图 8-9(c) 产生投影效果

图 8-10 运动的足球设计效果

图 8-42 花瓣图形设计效果（一）

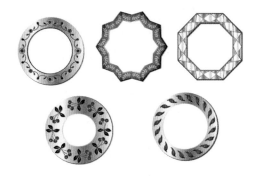

图 8-61 花瓣图形设计效果（二）

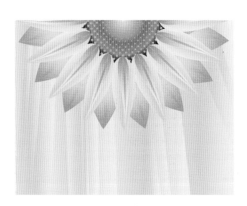

图 8-63 向日葵的花瓣插图设计效果

图 8-64 利用"鱼眼特效"的
相关图形设计效果

高等学校数字媒体专业教材

平面设计案例教程

—— CorelDRAW X5

张成禄 范松华 杨蕾 编著

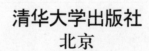

清华大学出版社

北京

内 容 介 绍

　　本书主要介绍如何用平面设计软件 CorelDRAW X5 去完成设计师的设计构想,属于实践应用型书籍。全书共 9 章,囊括了平面设计中关于使用 CorelDRAW X5 所能实现的技巧和设计的相关知识。

　　本书内容全面,图解详细,既适合高等院校学生和从事图形图像、出版印刷行业人员使用,也适合 CorelDRAW 软件初中级培训学员使用,与本书配套的相关素材可以在清华大学出版社网站(www. tup. com. cn)下载。

图书在版编目(CIP)数据

平面设计案例教程——CorelDRAW X5/张成禄,范松华,杨蕾编著. —北京:清华大学出版社,2011.9

(高等学校数字媒体专业教材)

ISBN 978-7-302-25405-8

Ⅰ. ①平…　Ⅱ. ①张…②范…③杨…　Ⅲ. ①平面设计－图形软件,CorelDRAW X5－高等学校－教材　Ⅳ. ①TP391.41

中国版本图书馆 CIP 数据核字(2011)第 071750 号

责任编辑:袁勤勇　张为民
责任校对:李建庄
责任印制:杨　艳

出版发行:	清华大学出版社		地　　址:	北京清华大学学研大厦 A 座
	http://www.tup.com.cn		邮　　编:	100084
	社　总　机:010-62770175		邮　　购:	010-62786544
	投稿与读者服务:010-62795954,jsjjc@tup.tsinghua.edu.cn			
	质　量　反　馈:010-62772015,zhiliang@tup.tsinghua.edu.cn			
印　刷　者:	清华大学印刷厂			
装　订　者:	三河市新茂印装有限公司			
经　　销:	全国新华书店			
开　　本:	185×260　印　张:12　插　页:4　字　数:312 千字			
版　　次:	2011 年 9 月第 1 版		印　次:	2011 年 9 月第 1 次印刷
印　　数:	1～3000			
定　　价:	22.00 元			

产品编号:036927-01

前言

目前，CorelDRAW是设计师普遍使用的矢量图形绘制设计的图形图像处理软件之一，集图形绘制、平面设计、网页制作、图形图像处理、文字排版功能于一体。本书通过各个行业不同的应用实例，介绍了CorelDRAW X5中文版在基本图形绘制、对象轮廓线编辑、颜色填充、文本编辑、交互式填充和图像特殊效果、位图编辑等方面的相关知识和技巧，使读者在设计制作实例的过程中熟练掌握该软件的使用。

1. 本书内容介绍

全书共9章，内容概括如下：

第1章主要介绍图形图像基础理论知识与平面设计流程和创意方法，同时介绍了CorelDRAW X5最常用的工具和命令，为进一步的学习做必要的准备。

第2～8章从不同行业的不同应用逐步深入地将CorelDRAW X5工具和命令融合在案例设计当中，使读者在不经意间熟练掌握常用工具和命令，并且有侧重地掌握不常用的工具和命令。案例涵盖平面设计的各个方面（水晶按钮、卡通造型设计、标志设计、产品造型设计、插图设计、包装设计、字体与版式设计和不常用命令及特效图解）。

第9章主要介绍不同文件格式的图形图像转换技巧及印刷前相关基础知识和处理方法。

2. 本书主要特色

目前已经出版的一些关于CorelDRAW X5的教材，要么是通篇把软件的工具一一列举介绍，要么是只讲案例，这样，使用那些教材的读者要么只认识了工具，要么只学会做教材讲的实例而不会将相关的方法和技巧推广应用。

本书以最全新的视角，克服了上述的缺点，将具体的工具和命令融合在每一章的案例设计当中，随着章节的推进，例子的难度也随之增加。每一章都有侧重点，而且前面章节介绍过的基本操作，在后面章节的学习中会经常使用，等读者学完全书的内容以后，能熟练掌握常用的工具和命令。

3. 本书配套素材

清华大学出版社网站（www.tup.com.cn）提供了本书各章节案例原文件、应用素材、自学案例素材、实例欣赏，读者需要时可免费在该网站下载。

4. 本书读者对象

本书从介绍 CorelDRAW X5 软件自身的特点出发，内容全面，图解详细，适合高等院校学生和从事图形图像、出版印刷行业人员使用，也适合 CorelDRAW 软件初、中级培训学员使用。

对于不具备任何软件操作基础的平面设计爱好者，本书通过丰富的案例和详细的图解，引领平面设计爱好者从认识 CorelDRAW X5 到掌握矢量图形绘制的方法。对于有一定软件操作基础的平面设计爱好者，本书可以作为在平面设计领域进一步提升的工具。

另外，书本采用黑白印刷出版，故在正文中图的彩色体现不出来，特此说明。

由于时间仓促，作者水平有限，疏漏之处在所难免，敬请读者批评指正。

编　者

2011 年 6 月

目录

目录

目录

目录

目录

目录

目录

目录

目录

第 1 章　认识 CorelDRAW X5

1.1　CorelDRAW X5 简介

目前，CorelDRAW 是设计师普遍使用的矢量图形绘制设计的图形、图像处理软件之一，集图形绘制、平面设计、网页制作、图像处理、文字排版功能于一体。CorelDRAW X5 中文版在基本图形绘制、对象轮廓线编辑、颜色填充、文本编辑、交互式填充和图像特殊效果、位图编辑等方面具有自己的特点和优势，其强大的图形绘制功能和文字排版功能受到广大设计师的青睐。

1.2　CorelDRAW X5 界面

CorelDRAW X5 启动后的界面如图 1-1 所示。

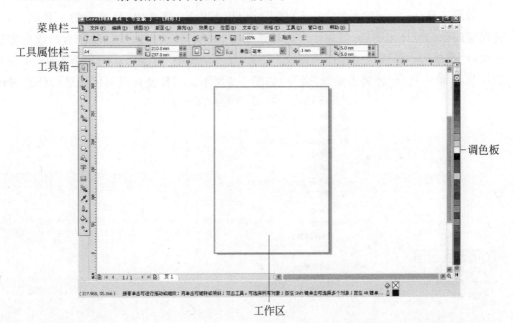

图 1-1　CorelDRAW X5 界面

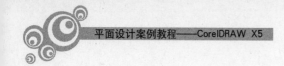
1.3 学习 CorelDRAW X5 注意事项

我们必须打破一上手就想这个工具怎么用,那个命令会出现什么效果。应该大概看看软件的界面,界面上有哪些组成部分,都叫什么名字,清楚某个菜单下面有什么命令,某个工具叫什么名字,是什么工具,这样至少能在进一步学习前留一个大体的印象,在后面的学习中要用什么命令和什么工具,就知道到哪去找,命令和工具有什么功能,会产生什么样的特效,学习了实例,自然就清楚了。

我们知道学习软件只是为了帮助设计师快速地将自己想象的图形或者创意构想表现出来,这也正是学习软件的目的所在,而不仅仅是认识软件、认识工具。

熟悉界面后,关于菜单和工具的学习注意以下几个方面:

(1)要知道菜单名称和菜单下面的常用命令,不求马上会用,知道在哪儿就可以。

(2)要知道某个工具叫什么名字,在主工具下面有没有次工具。

在绘制实例的时候要注意以下几个方面:

(1)仔细观察每章的实例图,具体由哪几部分构成。

(2)将各部分组件分别绘制。

(3)将各部分组件按照适当的比例组合。

1.4 CorelDRAW X5 常用工具

常用工具(一): (“形状”工具)是 CorelDRAW X5 最常用、最重要的工具之一,它可以帮助我们设计出图形,但在使用的时候要将“对象”转换为曲线。转换为曲线的方法是执行“菜单”→“排列”→“转换为曲线”命令,或者是选中“对象”,单击鼠标右键,从弹出的快捷菜单中选择“转换为曲线”命令,如图 1-2 所示。这样便可以对图形进行任意编辑

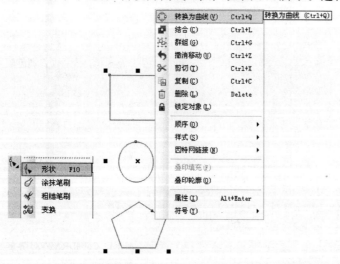

图 1-2 “形状”工具图解

修改了。

常用工具（二）：可以绘制自由曲线、折线等，如图1-3所示。

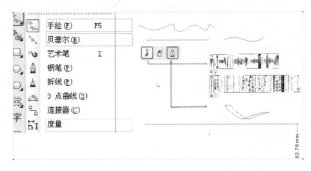

图1-3 常用工具图解（一）

常用工具（三）：在设计中可以帮助绘制直线、线段、自由曲线等，如图1-3中的"蓝色方框"所示。

常用工具（四）：包含有笔刷、喷灌、书法，可以帮助我们绘制一些特殊的效果，也可以将绘制好的特效添加进去等，如图1-3所示。

常用工具（五）：主要用在室内设计和建筑设计的平面图中，可以帮助我们方便地绘制线段"标注"等，如图1-3所示。

常用工具（六）：、、绘制出的常见几何形状，也是设计图形所使用的最基本的形状，当要绘制正方形或正圆等时，要同时配合使用Ctrl键。如果要改变其形状的"边数"和"角度"时，在工具属性栏中做相应的设置即可，如图1-4所示。

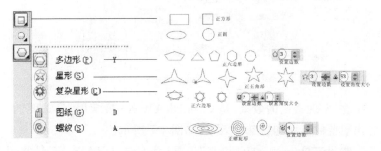

图1-4 常用工具图解（二）

常用工具（七）：、、、、，可以绘制各种常用形状，如图1-5所示。

常用工具（八）：可以帮助用户改变轮廓的颜色、粗细、样式等，如图1-6所示。

常用工具（九）：（两个对象之间调和）、、、、（封闭在一个区域）、（三维效果）、（几个对象相

3

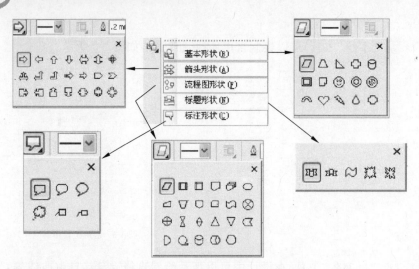

图 1-5　常用工具图解（三）

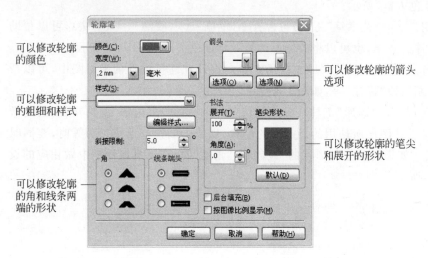

图 1-6　"轮廓笔"工具图解

可以修改轮廓的颜色

可以修改轮廓的粗细和样式

可以修改轮廓的角和线条两端的形状

可以修改轮廓的箭头选项

可以修改轮廓的笔尖和展开的形状

互重叠，出现透明的效果）是 CorelDRAW X5 最常用、最重要的工具之一，它可以帮助设计出想要的形状和特殊的效果，如图 1-7 所示。

　　常用工具（十）：（"填充"工具）是 CorelDRAW X5 最常用、最重要的工具之一，主要掌握"均匀填充"、"渐变填充"、"图样填充"和"无"就可以了，如图 1-8 所示。

图 1-7　交互式工具图解

图 1-8　"填充"工具图解

1.5 CorelDRAW X5 常用命令

常用命令（一）：造型命令是 CorelDRAW X5 最常用、最重要的命令之一，它可以帮助我们设计出图形（执行"排列"→"造型"命令）。

（1）焊接：选中椭圆环，如图 1-9（a）所示，在"造型"泊坞窗口中，如图 1-9（b）所示，选择"焊接"选项，同时选中"来源对象"和"目标对象"复选框，当鼠标处于"焊接"状态 时，单击被焊接的部分，也就是所勾选的"目标对象"，这样就可以得到想要的形状，如图 1-9（c）所示。

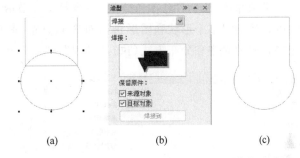

（a）   （b）   （c）

图 1-9　造型命令——焊接

注意："焊接"命令是将两个"对象"合成一个整体来获得想要的形状。

（2）相交：选中椭圆环，如图 1-10（a）所示，在"造型"泊坞窗口中，如图 1-10（b）所示，选择"相交"选项，同时选中"来源对象"和"目标对象"复选框，当鼠标处于"相交"状态 时，单击被相交的部分，也就是所勾选的"目标对象"，这样就可以得到想要的形状，如图 1-10（c）所示。

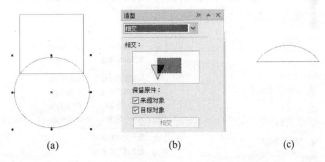

（a）   （b）   （c）

图 1-10　造型命令——相交

注意："相交"命令是获取两个"对象"公共部分来得到想要的形状。

（3）修剪：选中椭圆环，如图 1-11（a）所示，在"造型"泊坞窗口中，如图 1-11（b）所示，选择"修剪"选项，同时选中"来源对象"和"目标对象"复选框，当鼠标处于"修剪"状态 时，单击被修剪的部分，也就是所勾选的"目标对象"，这样就可以得到想要的形状，如图 1-11（c）所示。

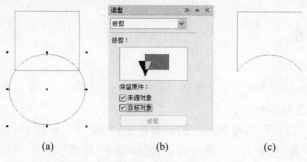

(a)　　　　　　　(b)　　　　　　　(c)

图 1-11　造型命令——修剪

注意："修剪"命令是将两个"对象"中的一个的某一部分修剪掉来获得想要的形状。

常用命令（二）："对齐和分布"命令是 CorelDRAW X5 最常用、最重要的命令之一，它可以帮助对多个形状和图形进行对齐和分布，避免在对齐中的误差，可根据自己需要选择合适的对齐和分布方式（执行"排列"→"对齐和分布"命令），如图 1-12 所示。

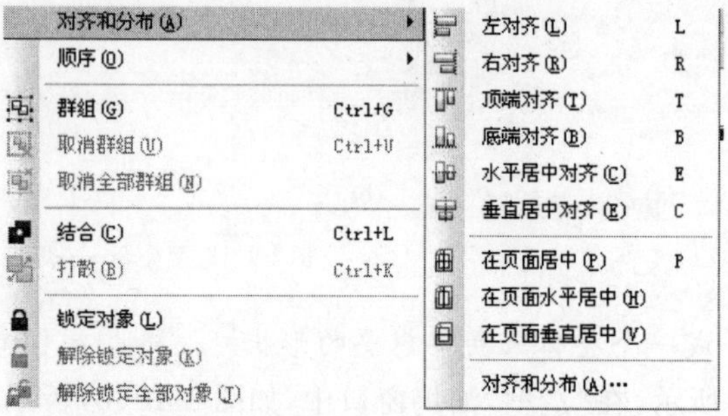

图 1-12　"对齐和分布"命令

常用命令（三）："顺序"命令是 CorelDRAW X5 最常用、最重要的命令之一，它可以帮助将多个重叠图形和页面按照设计需要的"顺序"做层次上的调整（执行"排列"→"顺序"命令），如图 1-13 所示。

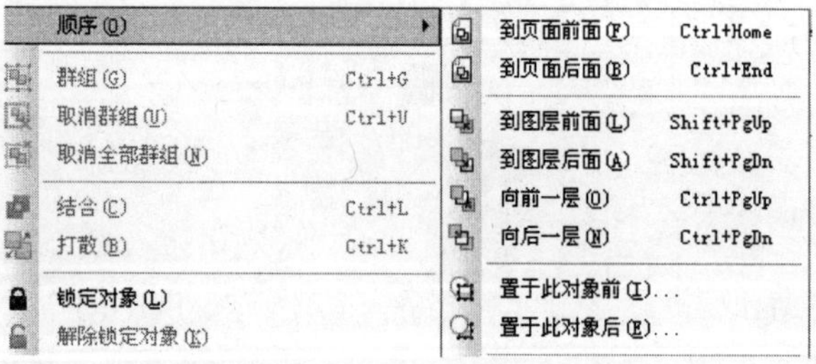

图 1-13　"顺序"命令

常用命令（四）："转换为曲线"命令是 CorelDRAW X5 最常用、最重要的命令之一，它可以帮助将"对象"转变成曲线，可以对曲线上每一个节点进行调整和修改，或者增加、删除（执行"排列"→"转换为曲线"命令）。

常用命令（五）："群组"或"取消群组"命令是 CorelDRAW X5 最常用、最重要的命令之一，"群组"可以帮助将已经设计好的多个"对象"连接在一起，便于移动和保护（执行

"排列"→"群组"命令)。对已经"群组"在一起的某一个图形进行修改,使用"取消群组"命令将"群组"的多个图形分解(执行"排列"→"取消群组"命令)。

1.6 CorelDRAW X5 常用快捷键

保存当前的图形	Ctrl+S
打开编辑文本对话框	Ctrl+Shift+T
撤销上一次的操作	Ctrl+Z
垂直定距对齐选择对象的中心	Shift+A
垂直分散对齐选择对象的中心	Shift+C
将文本更改为垂直排布(切换式)	Ctrl+.
打开一个已有绘图文档	Ctrl+O
打印当前的图形	Ctrl+P
打开"大小工具卷帘"	Alt+F10
导入文本或对象	Ctrl+I
发送选择的对象到后面	Shift+B
将选择的对象放置到后面	Shift+PageDown
发送选择的对象到前面	Shift+T
将选择的对象放置到前面	Shift+PageUp
发送选择的对象到右面	Shift+R
发送选择的对象到左面	Shift+L
将对象与网格对齐(切换)	Ctrl+Y
拆分选择的对象	Ctrl+K
将选择对象的分散对齐舞台水平中心	Shift+P
将选择对象的分散对齐页面水平中心	Shift+E
打开"封套工具卷帘"	Ctrl+F7
打开"符号和特殊字符工具卷帘"	Ctrl+F11
复制选定的项目到剪贴板	Ctrl+C
复制选定的项目到剪贴板	Ctrl+Ins
设置文本属性的格式	Ctrl+T
恢复上一次的"撤销"操作	Ctrl+Shift+Z
剪切选定对象并将它放置在"剪贴板"中	Ctrl+X
删除选定对象并将它放置在"剪贴板"中	Shift+Del
将字体大小减小为上一个字体大小设置	Ctrl+2
结合选择的对象	Ctrl+L
在当前工具和挑选工具之间切换	Ctrl+Space
取消选择对象或对象群组所组成的群组	Ctrl+U
显示绘图的全屏预览	F9

将选择的对象组成群组	Ctrl+G
删除选定的对象	Del
将镜头相对于绘画上移	Alt+↑
生成"属性栏"并对准可被标记的第一个可视项	Ctrl+BackSpace
打开"视图管理器工具卷帘"	Ctrl+F2
在最近使用的两种视图质量间进行切换	Shift+F9
按当前选项或工具显示对象或工具的属性	Alt+BackSpace
刷新当前的绘图窗口	Ctrl+W
将文本排列改为水平方向	Ctrl+,
打开"缩放工具卷帘"	Alt+F9
缩放选定的对象到最大	Shift+F2
打开"透镜工具卷帘"	Alt+F3
打开"图形和文本样式工具卷帘"	Ctrl+F5
打开"位置工具卷帘"	Alt+F7
将字体大小增加为字体大小列表中的下一个设置	Ctrl+6
打开"轮廓颜色"对话框	Shift+F12
给对象应用均匀填充	Shift+F11
再制选定对象并以指定的距离偏移	Ctrl+D
将字体大小增加为下一个字体大小设置	Ctrl+8
将"剪贴板"的内容粘贴到绘图中	Ctrl+V
启动"这是什么?"帮助	Shift+F1
重复上一次操作	Ctrl+R
转换美术字为段落文本或反过来转换	Ctrl +F8
将选择的对象转换成曲线	Ctrl+Q
将轮廓转换成对象	Ctrl+Shift+Q

小结

　　本章主要引导读者从全新的思路着手学习设计软件,不被一些漂亮的效果图所迷惑,认真阅读学习前注意事项,就会有一个全新的认识。常用工具和命令图解部分是学习前的必要准备,也是认识工具和命令的过程。快捷键不必背熟,大概看一下就可以了,因为在后面学习的过程中相关工具和命令的快捷键都会有标注,在学习的时候会在不经意间掌握它。如果非要记的话,可以记住以下最常用的快捷键功能:

Ctrl+S	保存
Ctrl+Z	还原
Ctrl+D	再制选定对象并以指定的距离偏移
Ctrl+Q	转换为曲线
Ctrl+G	群组

Ctrl＋U　　取消群组
Ctrl＋L　　结合
Ctrl＋K　　打散
Shift＋A　　垂直定距对齐选择对象的中心
Ctrl＋X　　剪切
Ctrl＋C　　复制
Ctrl＋V　　粘贴

第2章 水晶按钮和卡通造型设计

2.1 案例一：水晶按钮设计

水晶按钮设计效果如图 2-1 所示。

图 2-1 水晶按钮设计效果

2.1.1 水晶按钮设计使用工具及其设计主题组件

1. 主要使用的工具及菜单命令

（1）主要使用的工具有：挑选工具、形状工具、椭圆工具、矩形工具、交互式调和工具、填充工具等。

（2）主要使用的菜单命令有：

① "排列"→"转换为曲线"。

② "编辑"→"复制"、"粘贴"。

③ "排列"→"群组"。

④ "排列"→"取消群组"。

⑤ "排列"→"顺序"。"顺序"命令又包括：

* 到页前面、到页后面；
* 到图层前面、到图层后面、向前一层、向后一层；
* 置于此对象前、置于此对象后。

2. 设计主题组件分析

水晶按钮设计主题组件主要由外形部分和高光部分组成。

2.1.2 水晶按钮设计过程

1. 圆形水晶按钮的设计过程

（1）在工具箱中选取椭圆工具◎，绘制一个正圆，如图 2-2(a)所示。将如图 2-2(a)所示的圆复制一个并转换为曲线（执行"排列"→"转换为曲线"命令）。用形状工具�})通过增加或者删除节点依次编辑成如图 2-2(b)所示的形状，将其等比例缩放，如图 2-2(c)所示（可以用形状工具�})做适当的调整）。将图 2-2(a)、图 2-2(c)放在相对应的位置组合，如图 2-2(d)所示。这样，所需要的组件就全部做好了。

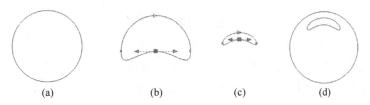

| (a) | (b) | (c) | (d) |

图 2-2 圆形水晶按钮——轮廓组件绘制过程

（2）如果要绘制的是黑色的水晶按钮，那就将正圆部分用填充工具◇填充，执行"均匀填充"命令，填充为黑色，如图 2-3(a)所示。如果需要其他颜色，可以在图 2-3(b)中选取。

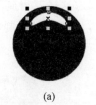

(a)

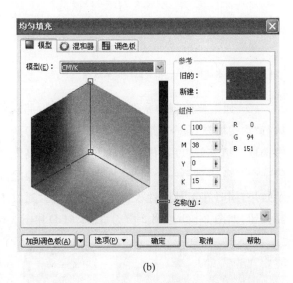

(b)

图 2-3 圆形水晶按钮——基本色选择

注意：在填充颜色的时候可以根据颜色的纯度变化去选择，如果是纯色，直接在右边的调色板选择会更方便，也可以使用填充工具◇，通过设置颜色参数获取。

填充好以后，任意选取正圆或者是高光部分，使用交互式调和工具◈，将被选中的一个对象拖到另一个对象（这里指两个对象之间的调和），这样就得到了图 2-4(a)所示效果，同时在工具属性栏设置步长参数。步长的参数决定两种颜色之间的过渡层次，参数越大,过度的层次越多,过度就越自然,可以根据自己的需要进行调整。通过上面的方法就可以绘制出各种颜色的水晶按钮,如图 2-4(a)、图 2-4(b)、图 2-4(c)和图 2-4(d)所示。

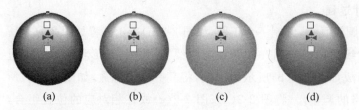

图 2-4 圆形水晶按钮——交互调和效果

2. 方形水晶按钮的设计过程

(1) 在工具箱中选取矩形工具,如图 2-5(a)所示,绘制一个矩形。切换到形状工具,将 4 个边角圆滑度设置为 51,就可以得到如图 2-5(b)所示效果。将如图 2-5(b)所示图形复制一个,将其缩放到合适的大小,如图 2-5(c)所示。对于圆角形状,可以用形状工具,由一个角向矩形中心拖动,即可绘制出圆角形状的效果。将图 2-5(b)和图 2-5(c)放在相对应的位置组合,如图 2-5(d)所示。这样,所需要的组件就全部做好了。

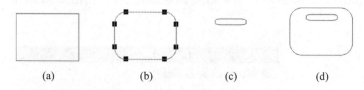

图 2-5 方形水晶按钮——轮廓组件绘制过程

(2) 如果要绘制的是红色的水晶按钮,那就将如图 2-6(a)所示部分用填充工具,执行"均匀填充"命令,填充为红色,如图 2-6(a)所示。如果需要其他颜色,可以在图 2-3(b)中选取。填充好以后,任意选取方形或者是高光部分,使用交互式调和工具,将被选中的一个对象拖到另一个对象(这里指两个对象之间的调和),这样就得到了如图 2-6(b)所示效果,同时在工具属性栏设置步长参数。通过上面的方法就可以绘制出各种颜色的水晶按钮,如图 2-6(b)、图 2-6(c)、图 2-6(d)和图 2-6(e)所示。

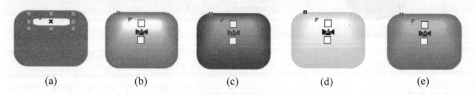

图 2-6 方形水晶按钮——交互调和效果

2.2 案例二：乐羊羊系列卡通造型设计

乐羊羊系列卡通造型设计效果如图 2-7 所示。

2.2.1 乐羊羊系列卡通造型设计使用工具及其设计主题组件

1. 主要使用的工具及菜单命令

（1）主要使用的工具有：挑选工具、形状工具、椭圆工具、矩形工具、多边形工具、基本形状工具、手绘工具、轮廓工具、填充工具（均匀填充、渐变填充）、缩放工具等。

图 2-7　乐羊羊系列卡通造型设计效果

（2）主要使用的菜单命令有：

① "排列"→"转换为曲线"。

② "排列"→"群组"。

③ "排列"→"取消群组"。

④ "文件"→"导入"。

⑤ "排列"→"顺序"。"顺序"命令又包括：

* 到页前面、到页后面；
* 到图层前面、到图层后面、向前一层、向后一层；
* 置于此对象前、置于此对象后。

2. 设计主题组件分析

乐羊羊系列卡通造型设计主题组件主要由身体、眼睛、嘴巴、腿、手等部分组成。

2.2.2 乐羊羊系列卡通造型设计过程

（1）选择"文件"→"导入"命令，从教材素材文件包（在清华大学出版社网站可下载）中导入一张乐羊羊位图。具体的方法：弹出导入窗口，选中位图素材"乐羊羊-素材"后，单击"导入"按钮，此时鼠标变成带有刻度的三角和一些参数的图标（如□），直接在工作区拖动，就会轻松地将位图 "乐羊羊-素材"导入到 CorelDRAW X5 的工作区中（拖动幅度的大小决定位图的大小），如图 2-8（a）所示。在工具箱中选取椭圆工具○绘制椭圆，如图 2-8（b）所示，将其转换为曲线（执行"排列"→"转换为曲线"命令），如图 2-8（c）所示。绘制乐羊羊的身体主要部分，也就是浅灰色部分。在工具箱中选取形状工具○，通过增加或者删除节点依次编辑成如图 2-8（d）和图 2-8（e）所示的形状，进一步调整后，乐羊羊身体的主要部分就绘制好了，如图 2-8（f）所示。

绘制乐羊羊身体中的"大拇指"部分，也就是黑色部分，如图 2-9（a）所示。在工具箱中选取椭圆工具○绘制椭圆，如图 2-9（b）所示，将其转换为曲线（执行"排列"→"转换为

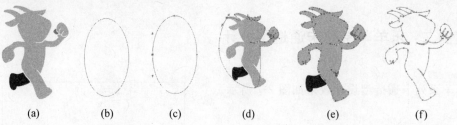

图 2-8　乐羊羊轮廓组件绘制过程（一）

曲线"命令），如图 2-9（c）所示。在工具箱中选取形状工具 ，通过增加或者删除节点依次编辑成如图 2-9（d）所示形状，进一步调整后，乐羊羊身体中的"大拇指"部分就绘制好了，如图 2-9（e）所示。

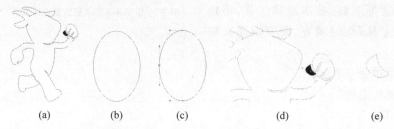

图 2-9　乐羊羊轮廓组件绘制过程（二）

　　绘制乐羊羊身体中的"另外一只腿"部分，也就是浅灰色部分，如图 2-10（a）所示。在工具箱中选取椭圆工具 绘制椭圆，如图 2-10（b）所示，将其转换为曲线（执行"排列"→"转换为曲线"命令），如图 2-10（c）所示。在工具箱中选取形状工具 ，通过增加或者删除节点依次编辑成如图 2-10（d）和图 2-10（e）所示形状，进一步调整后，乐羊羊身体中的"另外一只腿"就绘制好了，如图 2-10（f）所示。这样，乐羊羊的身体部分就画好了，如图 2-11 所示。

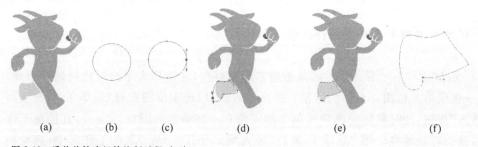

图 2-10　乐羊羊轮廓组件绘制过程（三）

　　（2）在工具箱中选取任意形状，这里选取椭圆，如图 2-12（a）所示，将其转换为曲线（执行"排列"→"转换为曲线"命令）。开始给乐羊羊造型增加体积感，具体方法：在工具箱中选取形状工具 ，在绘制好的乐羊羊身体部分（见图 2-12（b））编辑成绿色部分的形状，如图 2-12（c）所示。在工具箱中选取填充工具 ，执行"均匀填充"命令，在"均匀填充"对话框中将颜色值设为（C：15，M：17，Y：60，K：0），完成后单击"确定"按钮，如图 2-13（e）所示。如图 2-12（d）所示，填充为绿色，调整好相应的位置，增加卡通造型的体积感。

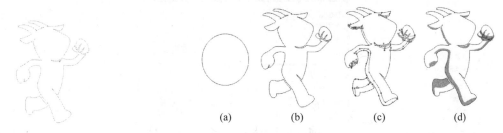

图 2-11　乐羊羊轮廓图　　　　　　　　　　　图 2-12　乐羊羊造型修饰轮廓组件绘制过程

在工具箱中选取任意形状,这里选取矩形,如图 2-13(a)所示,将其转换为曲线(执行"排列"→"转换为曲线"命令)。然后给乐羊羊穿衣服,在工具箱中选取形状工具 ,在图 2-13(b)上使用矩形,将其编辑成橘黄色部分的形状如图 2-13(c)所示。在工具箱中选取填充工具 ,执行"均匀填充"命令,在"均匀填充"对话框中将颜色值设为(C:1,M:39,Y:93,K:0),完成后单击"确定"按钮,如图 2-13(f)所示,填充为橘黄色,如图 2-13(d)所示。调整好相应的位置,乐羊羊衣服就穿好了。

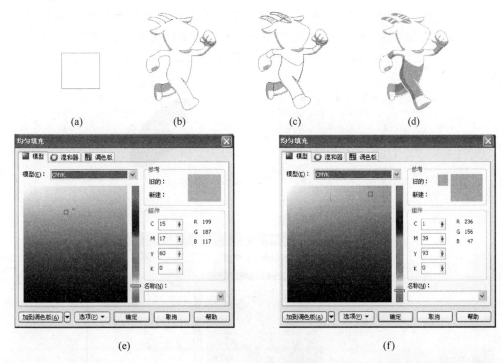

图 2-13　乐羊羊造型修饰轮廓组件颜色选择

给乐羊羊穿上衣服,也就是给卡通造型进行色彩修饰,画上眼睛,嘴巴。在工具箱中选取轮廓工具 ,执行"轮廓笔"命令,如图 2-14(a)所示。弹出"轮廓笔"对话框,如图 2-14(b)所示,将参数设置为:颜色为红色(C:0,M:100,Y:100,K:0);宽度为4mm;斜接限制为5;书法展开为100,完成后单击"确定"按钮,将乐羊羊的轮廓修改成红色,如图 2-13(d)所示。

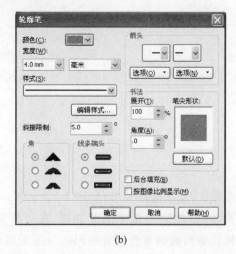

(a)   (b)

图 2-14 使用轮廓笔修改轮廓颜色

（3）在工具箱中选取椭圆工具 ⊙ 绘制一个椭圆，如图 2-15（a）所示，将其转换为曲线（执行"排列"→"转换为曲线"命令）。在工具箱中选取形状工具 ↖ ，通过增加或者删除节点依次编辑成如图 2-15（b）所示的形状。在工具箱中选取填充工具 ◇ ，如图 2-15（d）所示，执行"均匀填充"命令，在"均匀填充"对话框中将眼睛颜色值设为（C：0，M：0，Y：0，K：100），完成后单击"确定"按钮，如图 2-15（e）所示。眼睛做好后如图 2-15（c）所示。

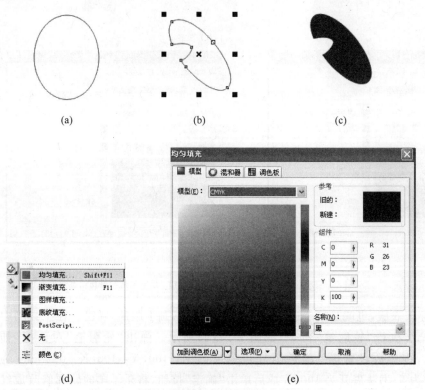

(a)   (b)   (c)

(d)   (e)

图 2-15 乐羊羊——眼睛轮廓绘制、填色

在工具箱中选取椭圆工具，绘制一个椭圆，如图 2-16（a）所示，将其转换为曲线（执行"排列"→"转换为曲线"命令）。在工具箱中选取形状工具，通过增加或者删除节点依次编辑成如图 2-16（b）和图 2-16（c）所示的嘴巴和舌头的形状。

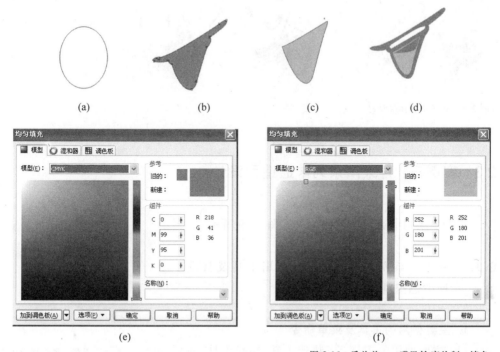

(a) (b) (c) (d)

(e) (f)

图 2-16　乐羊羊——嘴巴轮廓绘制、填色

在工具箱中选取填充工具，执行"均匀填充"命令，在"均匀填充"对话框中将嘴巴颜色设置为红色（参数为 C：0、M：100、Y：100、K：0），完成后单击"确定"按钮，如图 2-16（e）所示。嘴巴绘制好后如图 2-16（b）所示。

在工具箱中选取填充工具，执行"均匀填充"命令，在"均匀填充"对话框中，将舌头填充为粉色（参数为 C：0、M：40、Y：20、K：0），完成后单击"确定"按钮，如图 2-16（f）所示。舌头绘制好后如图 2-16（c）所示。

将图 2-16（b）和图 2-16（c）组合（组合时要配合 Shift 键等比例缩放），放在相应的位置，用同样的方法绘制高光部分，这样乐羊羊的嘴巴就绘制好了，如图 2-16（d）所示。

将绘制的图 2-13（d）、图 2-17（a）、图 2-17（b）和图 2-17（c）组合（组合时要配合 Shift 键等比例缩放），按一定的比例放在相应的位置，超级可爱的乐羊羊就制作完成了，如图 2-17（d）所示。

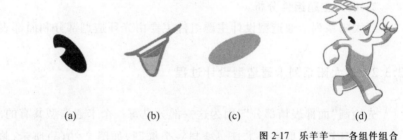

(a) (b) (c) (d)

图 2-17　乐羊羊——各组件组合

（4）用第（1）～（3）步的方法依次做出各自的造型，填充各自不同的颜色，一组可爱的乐羊羊组合就制作完成了，如图 2-18 所示。

图 2-18　乐羊羊各种造型效果

2.3　案例三：喜太阳系列卡通造型设计

喜太阳系列卡通造型设计效果如图 2-19 所示。

2.3.1　喜太阳系列卡通造型设计使用工具及其设计主题组件

图 2-19　喜太阳系列卡通造型设计效果

1. 主要使用的工具及菜单命令

（1）主要使用的工具有：挑选工具、形状工具、椭圆工具、矩形工具、多边形工具、轮廓工具、填充工具（均匀填充、渐变填充）、缩放工具等。

（2）主要使用的菜单命令有：

①"排列"→"转换为曲线"。

②"排列"→"群组"。

③"排列"→"取消群组"。

④"变换"（Alt＋F8 组合键）。

⑤"排列"→"顺序"。"顺序"命令又包括：

- 到页前面、到页后面；
- 到图层前面、到图层后面、向前一层、向后一层；
- 置于此对象前、置于此对象后。

2. 设计主题组件分析

喜太阳系列卡通造型设计主题组件主要由光环造型部分和面部表情部分组成。

2.3.2　喜太阳系列卡通造型设计过程

先绘制"面部表情部分"，因为这一部分是每一个卡通造型共有的部分。

在工具箱中选取椭圆工具绘制一个椭圆，如图 2-20（a）所示，将其转换为曲线（执行"排列"→"转换为曲线"命令)。在工具箱中选取形状工具，通过增加或者删除节点依次编辑成"面部各部分"的形状，如图 2-20(b)所示。

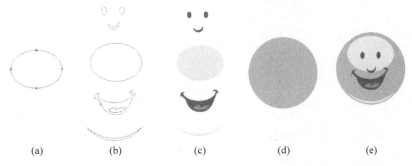

(a)　　　　　　　(b)　　　　　　　(c)　　　　　　　(d)　　　　　　　(e)

图 2-20　喜太阳面部轮廓组件绘制

在工具箱中选取填充工具，执行"均匀填充"命令，使用色彩参数去填充。如果是一些色彩比较单一的纯色，可直接单击右边色彩工具箱中所需要的颜色填充。分别填充好"面部各部分"的颜色，如图 2-20(a)所示。

注意：对于一个设计师来讲，要养成一个使用色彩参数的习惯，避免视觉上的色彩误差，影响最终设计作品的效果。

在工具箱中选取椭圆工具绘制一个正圆(绘制正圆时，拖动鼠标的同时按住 Ctrl键)，如图 2-20(d)所示。按照适当的比例将绘制好的"面部各部分"(见图 2-20(c))各组件按照一定的比例组合到正圆(见图 2-20(d))中。在组合缩放的时一定要配合 Shift 键等比例缩放，保证绘制好的组件在缩放过程中不会变形。这样一个可爱的卡通造型——喜太阳的"面部表情部分"就绘制好了，如图 2-20(e)所示。

1. 喜太阳卡通造型设计(一)

(1) 在工具箱中选取矩形工具绘制一个矩形，如图 2-21(a)所示，并将其转换为曲线(执行"排列"→"转换为曲线"命令)。在工具箱中选取形状工具，通过增加或者删除节点的方法编辑成想要的形状。在这里，需要在几个决定形状的地方增加 8 个节点，如图 2-21(b)所示，通过进一步编辑节点或拖动节点，依次编辑成如图 2-21(c)所示的形状。

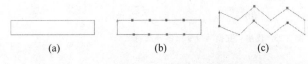

(a)　　　　　　　　　(b)　　　　　　　　　(c)

图 2-21　喜太阳外部轮廓组件绘制 (一)

选中要编辑的节点，如图 2-21(c)所示，单击鼠标右键，从弹出的快捷菜单中选择"到曲线"命令，如图 2-22(a)所示，通过调节杆分别编辑成如图 2-22(b)、图 2-22(c)和图 2-22(d)所示的形状。进一步修改后，就获得了想要的形状，如图 2-22(e)所示。

(2) 将绘制好的"基本对象"(见图 2-22(e))用"挑选"工具选中后，在中心点单击就会出现"圆心"，如图 2-23(a)所示。这个"圆心"是可以随便移动的，如图 2-23(b)所示。

注意："圆心"的位置决定所绘制对象变化的轨迹。

按 Alt＋F8 组合键，弹出"变换"窗口，其中设置旋转的角度为 20 度；中心的水平和

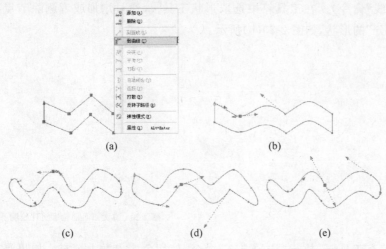

图 2-22　喜太阳外部轮廓组件绘制（二）

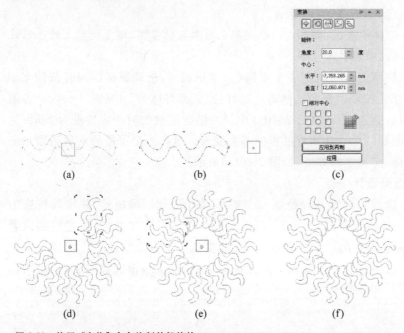

图 2-23　使用"变换"命令绘制外部特效

垂直不需要设置，是自动生成的（这个参数可能太大，是因为将图形放大，参数跟着变大）；"相对中心"选项不需要设置，因为在图 2-23（b）中设置好了"圆心" ⊙ 的位置。设置好以上相关参数后直接单击"应用到再制"按钮，如图 2-23（c）所示。由于单击"应用到再制"按钮的次数决定围绕"相对中心"复制、偏移对象的数量，因此，只要连续单击"应用到再制"按钮就会出现如图 2-23（d）和图 2-23（e）所示的效果。这样，喜太阳卡通造型设计（一）的光环造型部分就绘制好了，如图 2-23（f）所示。

　　（3）在工具箱中选取填充工具 ，执行"均匀填充"命令，在"均匀填充"对话框（见图 2-24（b））中将颜色值设为（C：0，M：20，Y：100，K：0），完成后单击"确定"按钮，如

图 2-24(a)所示。

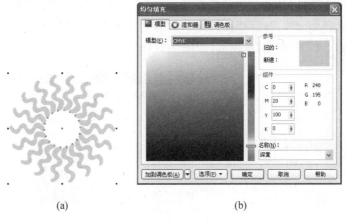

(a)　　　　　　　　　　　(b)

图 2-24　喜太阳外部特效填色(一)

　　将图 2-25(a)和图 2-25(b)组合(组合时注意比例关系),喜太阳卡通造型设计(一)就绘制好了,如图 2-25(c)所示。

(a)　　　　　　　　(b)　　　　　　　(c)

图 2-25　喜太阳外部、面部组合 (一)

2. 喜太阳卡通造型设计(二)

　　(1) 在工具箱中选取星形工具🔳绘制一个正五角星形(绘制正五角星形要配合 Ctrl 键),如图 2-26(a)所示。在"五角星形工具"属性栏中将"多边形、星形和复杂星形边数或点数"设置为 60;将"星形和复杂星形的锐度"设置为 30,就得到了想要的图案,如图 2-26(b)所示。

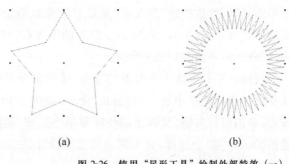

(a)　　　　　　　　　　　　(b)

图 2-26　使用"星形工具"绘制外部特效 (一)

(2) 在工具箱中选取填充工具，执行"渐变填充"命令，弹出"渐变填充"对话框，如图 2-27(b)所示。将渐变类型设置为"射线"；"中心位移"选项的"水平"设置为 4，"垂直"设置为-10；"边界"设置为 22；"颜色调和"设置为"自定义"，颜色可根据自己需要随便切换。单击"确定"按钮后，如图 2-27(a)所示。

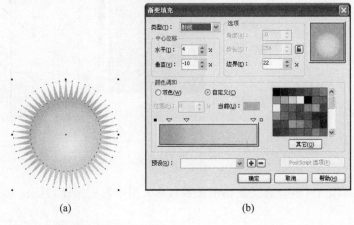

图 2-27 喜太阳外部特效填色（二）

将图 2-28(a)和图 2-28(b)组合（组合时注意比例关系），喜太阳卡通造型设计（二）就绘制好了，如图 2-28(c)所示。

图 2-28 喜太阳外部、面部组合（二）

3. 喜太阳卡通造型设计（三）

(1) 在工具箱中选取星形工具绘制一个正五角星形，如图 2-29(a)所示。在"五角星形工具"属性栏中将"多边形、星形和复杂星形边数或点数"设置为 12；将"星形和复杂星形的锐度"设置为 30，就得到了想要的图案，并将其转换为曲线（执行"排列"→"转换为曲线"命令），如图 2-29(b)所示。

用形状工具选中要编辑的节点（选取多个节点时要配合 Shift 键），单击鼠标右键，从弹出的快捷菜单中选择"到曲线"命令，如图 2-30(a)所示。执行结束后，选中要删除的节点，单击鼠标右键，从弹出的快捷菜单中选择"删除"命令，如图 2-30(b)所示（也可以直接按 Delete 键）。这样，喜太阳卡通造型设计（三）的光环造型部分就绘制好了，如图 2-31所示。

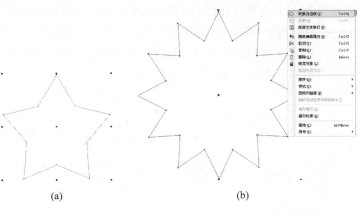

(a)　　　　　　　　　　　　　　　(b)

图 2-29　使用"星形工具"绘制外部特效（二）

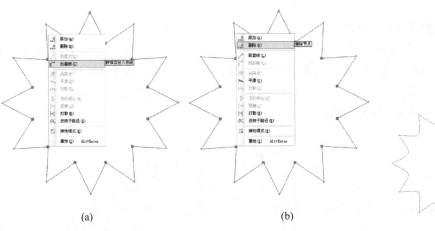

(a)　　　　　　　　　　　　　　　(b)

图 2-30　喜太阳外部轮廓局部调整（一）　　　　　　　　图 2-31　喜太阳外部轮廓

最终效果（一）

（2）在工具箱中选取填充工具 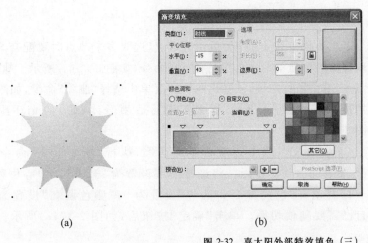 ，执行"渐变填充"命令，弹出"渐变填充"对话框，如图 2-32(b)所示。将渐变类型设置为"射线"；"中心位移"选项的"水平"设置为－15，"垂

(a)　　　　　　　　　　　　　　　(b)

图 2-32　喜太阳外部特效填色（三）

23

直"设置为43;"边界"设置为0;"颜色调和"设置为"自定义",颜色可根据自己需要随便切换。单击"确定"按钮后,出现如图2-32(a)所示的图案。

将图2-33(a)和图2-33(b)组合(组合时注意比例关系),喜太阳卡通造型设计(三)就绘制好了,如图2-33(c)所示。

　　　　(a)　　　　　　　　(b)　　　　　　　　(c)

图2-33　喜太阳外部、面部组合（三）

4. 喜太阳卡通造型设计（四）

（1）在工具箱中选取星形工具 ⬠ 绘制一个正五角星形,如图2-34(a)所示。在"五角星形"工具属性栏中将"多边形、星形和复杂星形边数或点数"设置为12;将"星形和复杂星形的锐度"设置为30,就得到了想要的图案,并将其转换为曲线(执行"排列"→"转换为曲线"命令),如图2-34(b)所示。

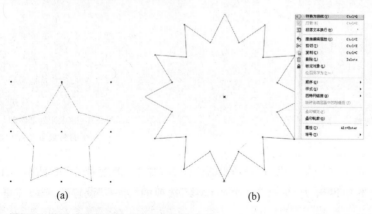

　　　　(a)　　　　　　　　　　　　　(b)

图2-34　使用"星形工具"绘制外部特效（三）

用形状工具 ⬠ 选中要编辑的节点(选取多个节点时要配合Shift键),单击鼠标右键,从弹出的快捷菜单中选择"到曲线"命令,如图2-35(a)所示。执行结束后,选中要删除的节点,单击鼠标右键,从弹出的快捷菜单中选择"删除"命令,如图2-35(b)所示(也可以直接按Delete键)。这样,喜太阳卡通造型设计(四)的光环造型部分就绘制好了,如图2-36所示。

（2）在工具箱中选取填充工具 ◆ ,执行"渐变填充"命令,弹出"渐变填充"对话框,如图2-37(b)所示。将渐变类型设置为"射线";"中心位移"选项的"水平"设置为－15,"垂直"设置为43;"边界"设置为0;"颜色调和"设置为"自定义",颜色可根据自己需要随便切换。单击"确定"按钮后,如图2-37(a)所示。

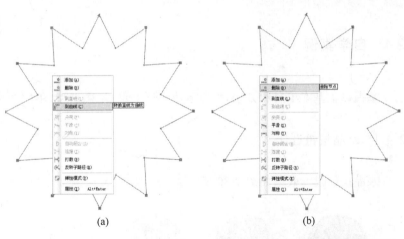

(a)   (b)

图 2-35　喜太阳外部轮廓局部调整（二）

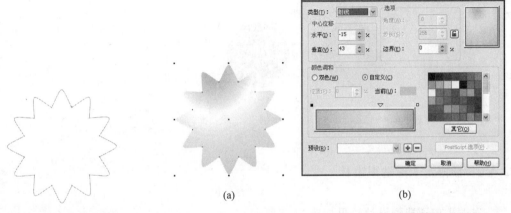

(a)   (b)

图 2-36　喜太阳外部轮廓
最终效果（二）

图 2-37　喜太阳外部特效填色（四）

　　将图 2-38(a)和图 2-38(b)组合（组合时注意比例关系），喜太阳卡通造型设计（四）就绘制好了，如图 2-38(c)所示。

(a)   (b)   (c)

图 2-38　喜太阳外部、面部组合（四）

　　将图 2-25(c)、图 2-28(c)、图 2-33(c)和图 2-38(c)排列在一起，一组喜太阳卡通造型设计就完成了，如图 2-19 所示。

2.4 自学案例

掌握以上基本工具和方法，可以解决不同类型、不同造型、不同图形相关设计。

2.4.1 水晶按钮设计

水晶按钮设计效果如图 2-39 所示。

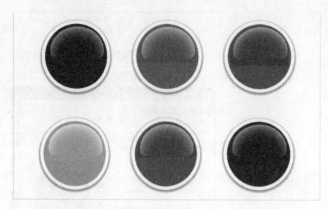

图 2-39 水晶按钮设计效果

2.4.2 猴博士卡通造型设计

猴博士卡通造型设计效果如图 2-40 所示。

2.4.3 丫丫卡通造型设计

丫丫卡通造型设计效果如图 2-41 所示。

图 2-40 猴博士卡通造型设计效果

图 2-41 丫丫卡通造型设计效果

小结

　　本章实例旨在重点掌握"形状"工具和"转换为曲线"命令，因为这两个工具和命令贯穿了平面设计软件 CorelDRAW X5 的全过程，做任何图形都会使用到，所以通过不同卡通造型的绘制，反复使用需要重点掌握的工具和命令，为后面的学习打好基础。

第 3 章　标志设计

3.1　案例一：禁止吸烟标志设计

禁止吸烟标志设计效果如图 3-1 所示。

3.1.1　禁止吸烟标志设计使用工具及其设计主题组件

1. 主要使用的工具及菜单命令

（1）主要使用的工具有：挑选工具、形状工具、椭圆工具、矩形工具、手绘工具(贝塞尔曲线)、交互式轮廓图工具、文本工具、填充工具等。

图 3-1　禁止吸烟标志设计效果

（2）主要使用的菜单命令有：

① "排列"→"转换为曲线"。

② "排列"→"结合"。

③ "排列"→"群组"。

④ "排列"→"取消群组"。

⑤ "排列"→"打散曲线"。

⑥ "排列"→"顺序"。"顺序"命令又包括：

- 到页前面、到页后面；
- 到图层前面、到图层后面、向前一层、向后一层；
- 置于此对象前、置于此对象后。

2. 设计主题组件分析

禁止吸烟标志设计主题组件主要由圆环部分、香烟部分、背景部分、文字部分组成。

3.1.2　禁止吸烟标志设计过程

（1）在工具箱中选取椭圆形工具⊙绘制一个正圆，使用"交互式轮廓图"工具在工具属性栏选择"向内"，将轮廓图步长参数设置为 1，将轮廓图偏移参数设置为 100mm，如图 3-2(a)和图 3-2(b)所示。接着单击鼠标右键，从弹出的快捷菜单中选择"打散轮廓图

群组"命令。再执行"排列"→"结合"命令，并填充为红色，如图3-2(c)所示。

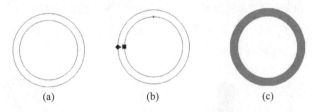

图3-2 "交互式轮廓图"工具使用

在工具箱中选取矩形工具▢绘制一个高为100mm，宽为80mm的矩形，同时旋转45°，并填充为红色（参数为C：0、M：100、Y：100、K：0），完成后单击"确定"按钮，如图3-3(a)和图3-3(b)所示，将图3-3(a)和图3-3(b)组合，第一部分就做好了，如图3-3(c)所示。

（2）在工具箱中选取矩形工具▢绘制一个矩形，如图3-4(a)所示，用形状工具▨分别将"边角圆滑度"参数设置为81，出现如图3-4(b)所示的样子，填充为黑色（参数为C：0、M：0、Y：0、K：100），如图3-4(c)所示。

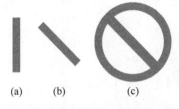

图3-3 使用"矩形"工具绘制斜杆

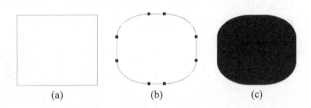

图3-4 使用"矩形"工具绘制香烟局部（一）

在工具箱中选取矩形工具▢绘制一个矩形，如图3-5(a)所示，并将其转换为曲线（执行"排列"→"转换为曲线"命令）。在工具箱中选取形状工具▨，通过增加或者删除节点的方法给矩形添加两个节点并选中，直接用鼠标拖动或配合键盘上的方向键，将两个节点移到图3-5(b)所示的位置。单击鼠标右键，从弹出的快捷菜单中选择"到曲线"命令，如图3-5(c)所示，将其执行结束后，将两个节点删除（按Delete键）就绘制好了，如图3-5(d)所示，将其填充为黑色（参数为C：0、M：0、Y：0、K：100），并与图3-4(c)组合，如图3-5(e)所示。

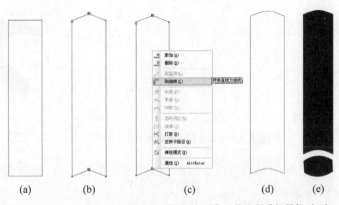

图3-5 使用"矩形"工具绘制香烟局部（二）

复制一个如图 3-5(d)所示图形,复制时可以直接拖动被复制对象,单击鼠标右键,也可以选择"编辑"→"复制"(Ctrl+C)/"粘贴"(Ctrl+V)命令,得到如图 3-6(a)所示图形。将图 3-6(a)组合在图 3-6(b)所示的图上,如图 3-6(c)所示,整体旋转-20°,香烟就绘制好了,如图 3-6(d)所示。

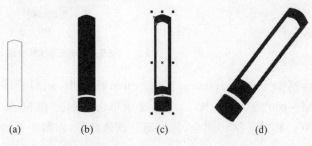

图 3-6　香烟各组件组合

在工具箱中选取贝塞尔工具 ，绘制图形如图 3-7(a)所示。在工具箱中选取形状工具，通过增加或者删除节点依次编辑成图 3-7(b)所示的形状,通过进一步调整就绘制好了,如图 3-7(c)所示,并填充为黑色(参数为 C:0、M:0、Y:0、K:100)。完成后单击"确定"按钮,如图 3-7(d)所示。

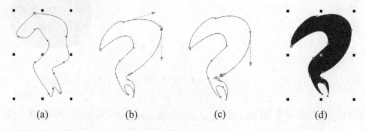

图 3-7　使用"贝塞尔"工具绘制烟雾轮廓 (一)

在工具箱中选取贝塞尔工具 ，绘制图形如图 3-8(a)所示。在工具箱中选取形状工具，通过增加或删除节点依次编辑成如图 3-8(b)所示的形状,通过进一步调整就绘制好了,如图 3-8(c)所示,并填充为黑色(参数为 C:0、M:0、Y:0、K:100)。完成后单击"确定"按钮,如图 3-8(d)所示。

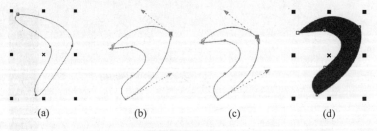

图 3-8　使用"贝塞尔"工具绘制烟雾轮廓 (二)

把图 3-7(d)和图 3-8(d)组合,得到图 3-9(a),再与图 3-6(d)组合,便得到想要的图形,如图 3-9(b)所示。

（3）在工具箱中选取矩形工具▣绘制一个矩形，如图 3-10（a）所示，用形状工具▨分别将"边角圆滑度"参数设置为 15,出现如图 3-10（b）所示的样子,填充为红色（参数为 C：0、M：100、Y：100、K：0）,如图 3-10（c）所示。

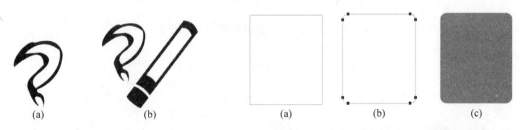

图 3-9　香烟、烟雾组件组合

图 3-10　使用"矩形"工具绘制背景（一）

复制一个如图 3-10（b）所示图形,在工具箱中选取形状工具▨,通过增加或者删除节点的方法给矩形添加两个节点,如图 3-11（a）所示。选中矩形下面的 4 个节点,如图 3-11（b）所示,将 4 个节点删除（按 Delete 键）。选中在图 3-11（a）中添加的两个节点中的一个,单击鼠标右键,从弹出的快捷菜单中选择"到直线"命令,如图 3-11（c）所示。执行结束后,就绘制好了,如图 3-11（d）所示,并填充为白色（参数为 C：0、M：0、Y：0、K：0）。

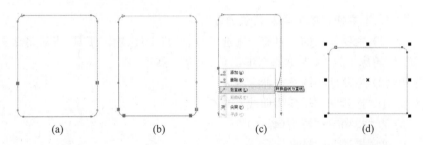

图 3-11　使用"矩形"工具绘制背景（二）

分别将图 3-12（a）和图 3-12（b）组合,在工具箱中选取文本工具字,字体设置为"黑体",输入"禁止吸烟（NO SMOKING）"字样,放入图 3-12（c）中下面位置,再把绘制好的图 3-13（a）（即图 3-3（c）和图 3-9（b）的组合）与图 3-12（c）组合,一个"禁止吸烟（NO SMOKING）"的公共标识就绘制好了,如图 3-13（b）所示。

图 3-12　局部组合并输入文字

图 3-13　禁止吸烟标志各组件组合

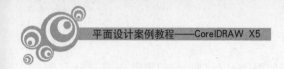
3.2 案例二：中华人民共和国国庆 60 周年标志设计

中华人民共和国国庆 60 周年标志设计效果如图 3-14 所示。

图 3-14 中华人民共和国国庆 60 周年标志设计效果

3.2.1 中华人民共和国国庆 60 周年标志设计使用工具及其设计主题组件

1. 主要使用的工具及菜单命令

（1）主要使用的工具有：挑选工具、形状工具、椭圆工具、多边形工具、交互式轮廓图工具、轮廓工具（无轮廓）、文本工具、填充工具等。

（2）主要使用的菜单命令有：

① "排列"→"转换为曲线"。

② "排列"→"造型（焊接）"。

③ "排列"→"结合"。

④ "排列"→"群组"。

⑤ "排列"→"取消群组"。

⑥ "排列"→"打散曲线"。

⑦ "排列"→"顺序"。"顺序"命令又包括：

- 到页前面、到页后面；
- 到图层前面、到图层后面、向前一层、向后一层；
- 置于此对象前、置于此对象后。

2. 设计主题组件分析

中华人民共和国国庆 60 周年标志设计主题组件主要由五角形部分、数字 60 部分、背景部分、文字部分组成。

3.2.2 中华人民共和国国庆 60 周年标志设计过程

（1）在工具箱中选取多边形工具中的星形工具 ▨ 绘制一个正五角形，如图 3-15（a）所示。切换到形状工具 ▸，通过增加或者删除节点的方法给正五角形删除一个节点，如

图 3-15(b)和图 3-15(c)所示(选中后按 Delete 键),选中图 3-15(d)所示的一个节点,单击鼠标右键,从弹出的快捷菜单中选择"到曲线"命令,如图 3-15(e)所示。通过进一步调整调节杆,如图 3-15(e)和图 3-15(f)所示,就绘制好了,如图 3-15(g)所示,并填充为红色(参数为 C:0、M:100、Y:100、K:0)。

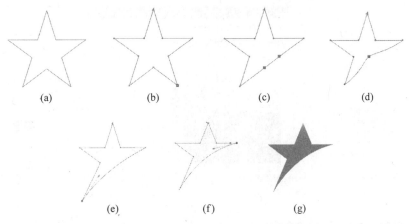

图 3-15 使用"星形"工具绘制轮廓

(2) 在工具箱中选取椭圆形工具⊙绘制一个椭圆,如图 3-16(a)所示,使用交互式轮廓工具▣,在工具属性栏选择"向内",将轮廓图步长参数设置为 1,将轮廓图偏移参数设置为 10mm,如图 3-16(b)所示。接着单击鼠标右键,从弹出的快捷菜单中选择"打散轮廓图群组"命令,如图 3-16(c)所示。再选择"排列"→"结合"命令,形成两个椭圆环,如图 3-17(a)所示。在工具箱中选取填充工具◇,选择"均匀填充"命令,将颜色值设为(C:5,M:31,Y:96,K:0),如图 3-17(d)和图 3-17(e)所示。

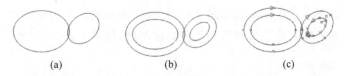

图 3-16 使用"交互式轮廓图"工具绘制"60"轮廓

执行"排列"→"造型"命令,弹出"造型"泊坞窗口,如图 3-17(f)所示。用此命令可以得到很多图形,除"焊接"命令外,它还包括"修剪"、"简化"、"相交"等,可根据自己想要的形状选择不同的命令。因为要想得到如图 3-17(c)的形状,必须是两个对象相互作用的结果,所以其中一个椭圆环处于选中状态,如图 3-17(b)所示的小圆环,这个小圆环也是后面提到的"来源对象",在图 3-17(f)中选择"焊接"选项,同时选中"来源对象"和"目标对象"复选框,单击"焊接到"命令,当鼠标处于焊接状态⌐时,单击被焊接的部分,也就是所选中的"目标对象",这样就可以得到想要的如图 3-17(c)所示形状。

注意:"焊接"命令是将两个椭圆环的公共部分去掉,得到想要的形状。

在工具箱中,使用形状工具▸选取如图 3-17(c)所示大椭圆环最上面的两个节点,单击鼠标右键,从弹出的快捷菜单中选择"打散"命令,如图 3-18(a)所示。分别将两个接点拖开,如图 3-18(b)所示。分别重合两个接点,就会自动闭合,如图 3-18(c)所示。

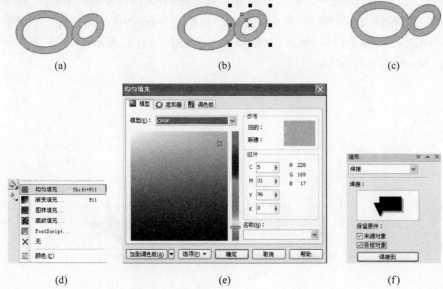

(a)　　　　　　　　　　　　(b)　　　　　　　　　　　　(c)

(d)　　　　　　　　　(e)　　　　　　　　　(f)

图 3-17　使用"焊接"命令绘制"60"轮廓、填色

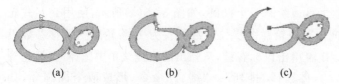

(a)　　　　　　(b)　　　　　　(c)

图 3-18　使用"打散"命令绘制"60"轮廓

在工具箱中使用形状工具⬚选中需要调节的节点,如图 3-19(a)所示,通过添加或删除节点依次编辑成如图 3-19(b)所示的形状。将边框去掉(在工具箱中选取轮廓工具⬚,执行"无"命令),就得到了想要的图形,如图 3-19(c)所示。

(a)　　　　　　(b)　　　　　　(c)

图 3-19　使用"形状"工具绘制"60"轮廓

在工具箱中选取多边形工具中的星形工具⬚绘制一个正五角形,复制 4 个并按如图 3-20(a)所示排列。在工具箱中选取一个几何形状,切换到形状工具⬚,通过增加或者删除节点依次编辑成如图 3-20(b)所示的形状。将图 3-19(c)、图 3-20(a)和图 3-20(b)按照适当的比例组合就得到了如图 3-20(c)所示图形。

使用文本工具字分别输入"1949-2009"和"中华人民共和国国庆 60 周年",排列成如图 3-20(d)所示形状,将图 3-20(c)、图 3-20(d)和图 3-20(e)按照适当的比例组合,"一个中华人民共和国国庆 60 周年标志"就轻松设计好了,如图 3-21 所示。

通过更换背景或者更换标志的颜色就可以得到不同颜色和不同背景标志的组合,如

图 3-20　国庆 60 周年标志各局部组件

图 3-14 所示,使得标志在不同的环境都好使用,方便识别。

图 3-21　各局部组件组合

3.3　案例三:商业标志设计

商业标志设计效果如图 3-22 所示。

3.3.1　商业标志设计使用工具及其设计主题组件

1. 主要使用的工具及菜单命令

(1)主要使用的工具有:挑选工具、形状工具、椭圆工具、矩形工具、交互式轮廓图工具、填充工具(均匀填充、渐变填充)等。

图 3-22　商业标志设计效果

(2)主要使用的菜单命令有:

①"排列"→"转换为曲线"。

②"排列"→"造型"。

③"排列"→"结合"。

④ "排列"→"群组"。

⑤ "排列"→"取消群组"。

⑥ "排列"→"打散曲线"。

⑦ "排列"→"顺序"。"顺序"命令又包括：

• 到页前面、到页后面；

• 到图层前面、到图层后面、向前一层、向后一层；

• 置于此对象前、置于此对象后。

2. 设计主题组件分析

"人先医疗"这个商业标志设计主题组件主要由圆环、"人"字形部分组成。

3.3.2 商业标志设计过程

(1) 在工具箱中选取椭圆形工具◎绘制一个椭圆,宽为 36,高为 22,如图 3-23(a)所示。使用交互式轮廓工具▣,在工具属性栏选择"向内",将轮廓图步长参数设置为 1,将轮廓图偏移参数设置为 4.5mm,如图 3-23(b)所示。接着单击鼠标右键,从弹出的快捷菜单中选择"打散轮廓图群组"命令,如图 3-23(c)所示。

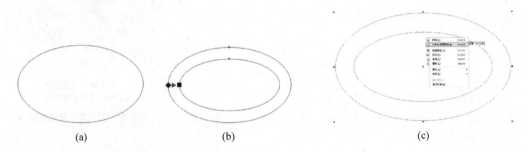

(a)　　　　　　　　　(b)　　　　　　　　　(c)

图 3-23　使用"交互式轮廓图"工具绘制轮廓

如图 3-24(a)所示,要绘制成一个圆环,执行"排列"→"造型"命令,弹出"造型"泊坞窗口,如图 3-24(b)所示。用此命令可以得到很多想要的图形,在这个实例中使用"修剪"命令。当然,除"修剪"命令外,它里边还有"焊接"、"简化"、"相交"等,可根据自己想要的形状选择不同的命令,都可以通过下面的操作得以实现。因为要想得到如图 3-25(a)所示的形

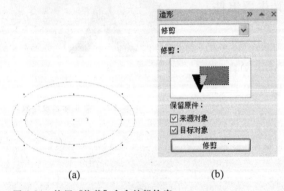

(a)　　　　　　　　(b)

图 3-24　使用"修剪"命令编辑轮廓

状,必须是两个对象相互作用的结果,所以其中一个椭圆环处于选中状态,如图 3-24(a)所示,这个小椭圆也是后面提到的"来源对象",在图 3-24(b)中选择"修剪"选项,同时选中"来源对象"和"目标对象"复选框,单击"修剪"命令,当鼠标处于修剪状态,单击被修剪的部分,也就是所勾选的"目标对象",这样就可以得到想要的形状,如图 3-25(a)所示。

注意:"修剪"命令是将两个椭圆中的一个椭圆多余的部分修剪掉来获得想要的形状。

将图 3-25(a)选中并转换为曲线(执行"排列"→"转换为曲线"命令)。在工具箱中选取形状工具 ,通过增加或者删除节点的方法编辑成想要的形状,这里需要在几个决定形状的地方增加 4 个节点,如图 3-25(b)所示,

将椭圆环的 4 个连接点选中,如图 3-26 所示,单击鼠标右键,从弹出的快捷菜单中选择"打散"命令。

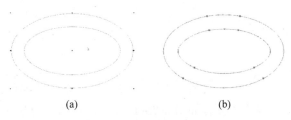

(a)   (b)

图 3-25 使用"形状"工具编辑轮廓

图 3-26 使用"打散"命令编辑轮廓

执行"打散"命令后,可以看到原来的一个节点变成了两个,如图 3-27(a)所示。可选取任意两个节点,如图 3-27(b)所示,单击鼠标右键,从弹出的快捷菜单中选择"删除"命令,也可以直接按 Delete 键,删除后如图 3-27(c)所示。

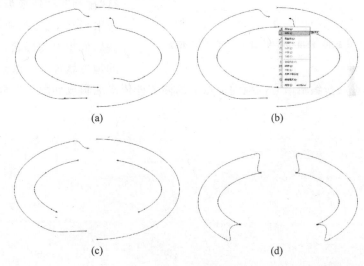

(a)   (b)

(c)   (d)

图 3-27 使用"打散"命令编辑轮廓

紧接着将节点分别对接,如图 3-27(d)所示,通过移动调节杆,如图 3-28(a)和图 3-28(b)所示,进一步修改后,就轻松获得了想要的形状,如图 3-28(c)所示。

将对接好的 4 个连接点选中,单击鼠标右键,从弹出的快捷菜单中选择"自动闭合"

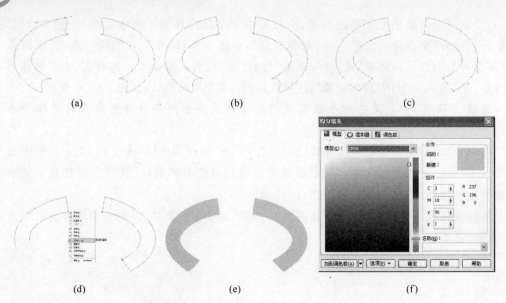

图 3-28 使用"自动闭合"编辑轮廓、填色

命令,如图 3-28(d)所示。使用填充工具 ⬧ 中的"均匀填充"将图 3-28(c)填充为橘黄色,颜色值设置如图 3-28(f)所示,即参数为 C:0、M:0、Y:0、K:100。完成后单击"确定"按钮,如图 3-28(e)所示。

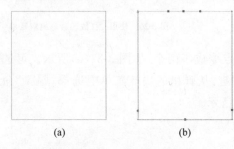

图 3-29 使用"形状"工具绘制"人"轮廓

(2) 在工具箱中选取矩形工具 ▭ 绘制一个矩形,如图 3-29(a)所示,并转换为曲线(执行"排列"→"转换为曲线"命令)。在工具箱中选取形状工具 ⬧,通过增加或删除节点的方法编辑成想要的形状,这里需要在几个决定形状的地方增加 6 个节点,如图 3-29(b)所示,通过进一步编辑节点或拖动节点上的调节杆依次编辑成如图 3-30(a)所示的形状。

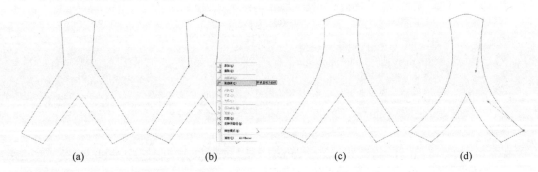

图 3-30 使用"形状"工具绘制"人"轮廓

选中要编辑的节点,如图 3-30(b)所示,单击鼠标右键,从弹出的快捷菜单中选择"到曲线"命令。执行结束后,单击鼠标右键,从弹出的快捷菜单中选择"删除"命令,再将 3 个节点删除(也可以按 Delete 键),删除后如图 3-30(c)所示。进一步调整调节杆后,就得

到了想要的图形,如图 3-30(d)所示。

　　在工具箱中选取填充工具 中的"渐变填充",弹出"渐变填充"对话框,参数设置如图 3-31(b)所示,将渐变类型设置为"线性";"选项"中的"角度"设置为 179.8;"边界"设置为 1;"颜色调和"设置为"自定义",颜色可根据自己需要随便切换,当前选择"蓝色"。将渐变调色板上的小三角调到合适的位置,单击"确定"按钮后,就得到了如图 3-31(a)所示图形。

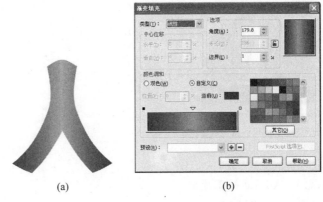

(a)　　　　　　　　　　　(b)

图 3-31　给绘制的"人"轮廓填色

　　将第(1)步的图 3-32(a)和第(2)步的图 3-32(b)组合(在组合时注意图形之间的比例关系),组合后如图 3-32(c)所示。

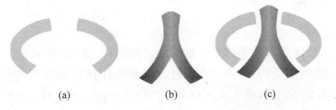

(a)　　　　　　　(b)　　　　　　　(c)

图 3-32　商业标志各局部组件组合

3.4　自学案例

　　掌握以上图形设计的方法,可以解决不同类型、不同造型、不同图形的设计。

3.4.1　危险货物包装标志设计

　　危险货物包装标志设计效果如图 3-33 所示。

3.4.2　CNBC 商业标志设计

　　CNBC 商业标志设计效果如图 3-34 所示。

图 3-33 危险货物包装标志设计效果

图 3-34 CNBC 商业标志设计效果

图 3-35 Adobe 标志设计效果

3.4.3 Adobe 标志设计

Adobe 标志设计效果如图 3-35 所示。

小结

本章实例是第 2 章的延续,旨在重点掌握"形状"工具和"转换为曲线"命令,因为这两个工具或命令可以帮助设计师做出任何想要做的图形。本章还强化了对工具属性栏的关注,工具属性栏是单个工具用途的进一步诠释,同时,还强化了排列菜单相关命令和交互式轮廓图工具的学习,通过标志的绘制,反复使用需要重点掌握的工具和命令,为后面熟练运用 CorelDRAW X5 做一个扎实的铺垫。

第 4 章　产品造型设计

4.1　案例一：灯泡造型设计

灯泡造型设计效果如图 4-1 所示。

图 4-1　灯泡造型设计效果

4.1.1　灯泡造型设计使用工具及其设计主题组件

1. 主要使用的工具及菜单命令

（1）主要使用的工具有：挑选工具、形状工具、椭圆工具、矩形工具、手绘工具（贝塞尔曲线）、水平镜像工具、交互式轮廓图工具、填充工具（渐变填充）等。

（2）主要使用的菜单命令有：

①"排列"→"转换为曲线"。

②"排列"→"造型"。

③"排列"→"群组"。

④"排列"→"取消群组"。

⑤"排列"→"顺序"。"顺序"命令又包括：

* 到页前面、到页后面；
* 到图层前面、到图层后面、向前一层、向后一层；
* 置于此对象前、置于此对象后。

2. 设计主题组件分析

灯泡造型设计主题主要组件由灯芯、灯丝、灯泡、灯座等部分组成。

4.1.2 灯泡造型设计过程

（1）绘制灯芯的所有组件。在工具箱中选取椭圆工具 ◌ 绘制一个椭圆，如图 4-2（a）所示，并转换为曲线（执行"排列"→"转换为曲线"命令）。在工具箱中选取形状工具 ◌，通过增加或者删除节点的方法编辑成想要的形状，这里需要在几个决定形状的地方增加 4 个节点，如图 4-2（b）所示，通过进一步编辑节点或拖动节点上的调节杆依次编辑成如图 4-2（c）和图 4-2（d）所示的形状。至此，第（1）步所要的形状基本上就有了。

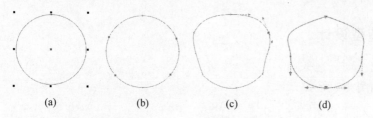

(a)　　　　　　(b)　　　　　　(c)　　　　　　(d)

图 4-2　灯芯局部组件轮廓绘制（一）

图 4-3（d）所示效果的设计是本章学习的重点。执行"排列"→"造型"命令，弹出"造型"泊坞窗口，如图 4-3（b）所示。用此命令可以得到很多图形，除"修剪"命令外，它里边还有"焊接"、"简化"、"相交"等，可根据自己想要的形状选择不同的命令，都可以通过下面的操作得以实现。因为要想得到如图 4-3（c）所示被节点选中的形状，得绘制一个椭圆并处于选中状态，如图 4-3（a）所示，这个椭圆也是后面提到的"来源对象"。在图 4-3（b）中选择"修剪"选项，同时选中"来源对象"和"目标对象"复选框，单击"修剪"按钮，当鼠标处于修剪状态 ■ 时，单击被修剪部分，也就是所勾选的"目标对象"，这样就可以得到想要的如图 4-3（d）所示的形状。

注意："修剪"命令是修掉多余的部分来得到想要的形状。

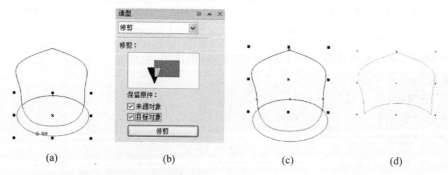

(a)　　　　　　(b)　　　　　　(c)　　　　　　(d)

图 4-3　使用"修剪"命令编辑灯芯局部组件轮廓（一）

在工具箱中选取椭圆工具 ◌ 绘制一个直径为 50mm 的正圆，如图 4-4（a）所示（绘制正圆时，拖动鼠标的同时按住 Ctrl 键，也可以在工具属性栏中设置参数），组合成如图 4-4（b）所示图形，并使正圆处于选中状态。执行"菜单"→"排列"→"造型"命令，弹出"造型"泊坞窗口，如图 4-4（c）所示，选择"修剪"选项，同时选中"来源对象"和"目标对象"复选框，单击"修剪"按钮，当鼠标处于修剪状态 ■ 时，单击被修剪部分，也就是所勾选的

"目标对象",这样就可以得到想要的如图 4-4(d) 和图 4-5(a) 所示的形状。

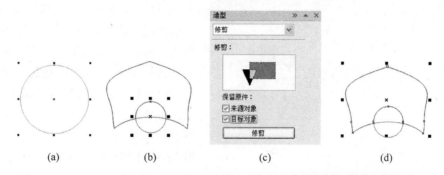

(a) (b) (c) (d)

图 4-4　使用"修剪"命令编辑灯芯局部组件轮廓（二）

将图 4-5(a) 所示图形转换为曲线（执行"排列"→"转换为曲线"命令），稍作调整，如图 4-5(b) 所示。在工具箱中选取填充工具 ⊙ 中的"渐变填充"，弹出"渐变填充"对话框，参数设置如图 4-5(d) 所示，将渐变类型设置为"射线"；"中心位移"设置为"水平值 1、垂直值 31"；"选项"中的"边界"设置为 0；"颜色调和"设置为"自定义"，颜色可根据自己需要随便切换，当前选择"蓝色"。将渐变调色板上的小三角调到合适的位置，单击"确定"按钮，就得到了如图 4-5(c) 所示图形。

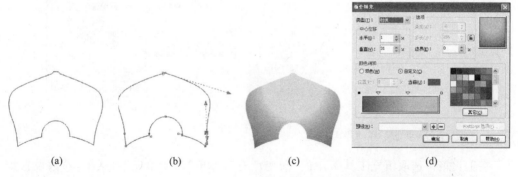

(a) (b) (c) (d)

图 4-5　调整灯芯局部组件轮廓、填色（一）

在工具箱中选取矩形工具 □ 绘制一个宽为 50mm，高为 80mm（可以在工具属性栏中设置参数）的矩形，如图 4-6(a) 所示，并转换为曲线（执行"排列"→"转换为曲线"命令）。切换到形状工具 ⬚，通过增加或删除节点的方法编辑成想要的形状，这里需要在几个决

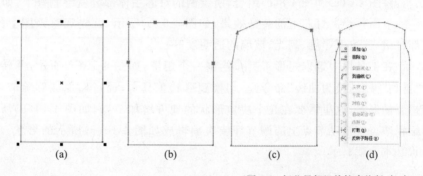

(a) (b) (c) (d)

图 4-6　灯芯局部组件轮廓绘制（二）

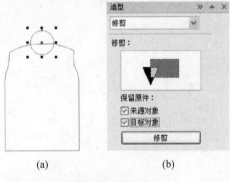

图 4-7 使用"修剪"命令编辑灯芯
局部组件轮廓（三）

定形状的地方增加 4 个节点，如图 4-6（b）所
示，通过进一步编辑节点或拖动节点上的调节
杆依次编辑成如图 4-6（c）和图 4-6（d）所示的
形状。至此，所要的形状基本上就有了。

将如图 4-4（b）所示被选中的正圆复制一
个，组合成如图 4-7（a）所示图形，并使正圆处
于选中状态。执行"排列"→"造型"命令，弹出
"造型"泊坞窗口，如图 4-7（b）所示，选择"修
剪"选项，同时选中"来源对象"和"目标对象"
复选框，单击"修剪"按钮，当鼠标处于修剪状
态█时，单击被修剪部分，也就是所勾选的"目
标对象"，这样就可以得到想要的图 4-8（a）中
被节点选中的图形，通过进一步调整得到如图 4-8（b）所示形状。

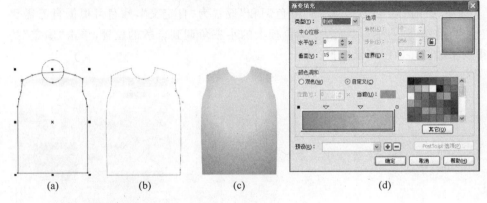

图 4-8 调整灯芯局部组件轮廓、填色（二）

在工具箱中选取填充工具██中的"渐变填充"，弹出"渐变填充"对话框，参数设置如
图 4-8（d）所示，将渐变类型设置为"射线"；"中心位移"设置为"水平值 0、垂直值 15"；"选
项"中的边界设置为 0；"颜色调和"设置为"自定义"，颜色可根据自己需要随便切换，当前
选择"蓝色"。将渐变调色板上的小三角调到合适的位置，单击"确定"按钮后，就得到了
如图 4-8（c）所示图形。

将图 4-5（c）和图 4-8（c）组合，所绘制的灯芯主体部分就绘制好了，如图 4-9（a）所示。

下面要绘制灯芯上的装饰效果，如图 4-9（b）所示，首先观察该图上的装饰效果由几
部分组成（边框厚度、高光、玻璃的透明度等）。

在工具箱中选取矩形工具██绘制一个矩形，如图 4-10（a）所示，并转换为曲线（执行
"排列"→"转换为曲线"命令）。切换到形状工具██，通过增加或删除节点的方法编辑成
想要的形状，这里需要在几个决定形状的地方增加节点，如图 4-10（b）所示，通过进一步
编辑节点或拖动节点上的调节杆依次编辑成如图 4-10（c）所示的形状。至此，所要的形
状基本上就有了。

(a)
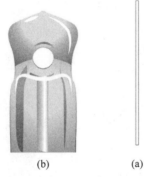
(b)

(a)

(b)　　　　　　(c)

图 4-9　灯芯修饰各组件组合最终效果　　　　　　　图 4-10　灯芯修饰组件轮廓绘制（一）

　　给绘制好的形状填充颜色。在工具箱中选取填充工具 中的"渐变填充"，弹出"渐变填充"对话框，参数设置如图 4-11(c)所示，将渐变类型设置为"线性"；"选项"中的"角度"设置为 270、"边界"设置为 0；"颜色调和"设置为"自定义"，颜色可根据自己需要随便切换，当前选择"蓝色"。将渐变调色板上的小三角调到合适的位置，单击"确定"按钮后，就得到了如图 4-11(a)所示的图形。复制一个，在工具属性栏中执行"水平镜像"命令 ，就绘制好了灯芯边框的厚度，如图 4-11(b)所示，并组合在图 4-9(a)相应的位置上。

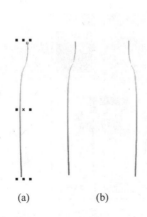
(a)　　　　(b)
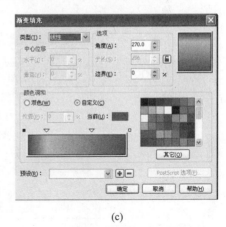
(c)

图 4-11　灯芯修饰组件轮廓填色

　　制作高光部分。在工具箱中选取椭圆工具 绘制一个椭圆，如图 4-12(a)所示，并转换为曲线（执行"排列"→"转换为曲线"命令）。在工具箱中选取形状工具 ，通过增加或者删除节点的方法编辑成想要的形状，通过进一步编辑节点或拖动节点上的调节杆依次编辑成如图 4-12(b)、图 4-12(c)和图 4-12(d)所示的形状，并组合在图 4-9(a)相应的位置上。

　　制作灯芯透明度部分。在工具箱中选取矩形工具 绘制一个矩形，如图 4-13(a)所示，并转换为曲线（执行"排列"→"转换为曲线"命令）。在工具箱中选取形状工具 ，通过增加或者删除节点的方法编辑成想要的形状，通过进一步编辑节点或拖动节点上的调节杆依次编辑成如图 4-13(b)和图 4-13(c)所示的形状，并将其组合成如图 4-13(d)所示形状。

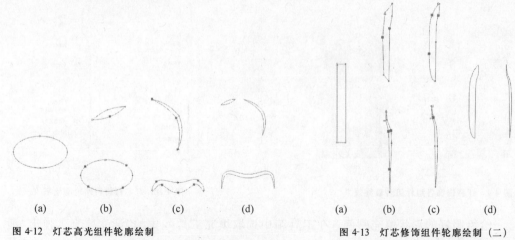

| (a) | (b) | (c) | (d) | | (a) | (b) | (c) | (d) |

图 4-12　灯芯高光组件轮廓绘制　　　　　　　　　图 4-13　灯芯修饰组件轮廓绘制（二）

在工具箱中选取填充工具 ◇ 中的"渐变填充"，弹出"渐变填充"对话框，参数设置如图 4-14（b）所示，将渐变类型设置为"线性"；"选项"中的"角度"设置为 0、"边界"设置为 0；"颜色调和"设置为"自定义"，颜色可根据自己需要随便切换，当前选择"蓝色"。将渐变调色板上的小三角调到合适的位置，单击"确定"按钮，就得到了如图 4-14（a）所示的图形。

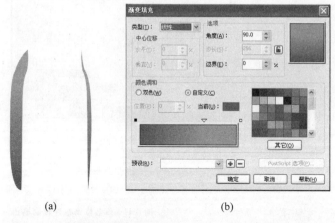

(a)　　　　　　　　　　　　　　(b)

图 4-14　灯芯修饰组件填色

在工具箱中选取椭圆工具 ◎ 绘制一个椭圆，如图 4-15（a）所示，并转换为曲线（执行"排列"→"转换为曲线"命令）。在工具箱中选取形状工具 ◁ ，通过增加或者删除节点的方法编辑成想要的形状，通过进一步编辑节点或拖动节点上的调节杆依次编辑成如图 4-15（b）和图 4-15（c）所示的形状。在工具箱中选取填充工具 ◇ 中的"渐变填充"，弹出"渐变填充"对话框，参数设置如图 4-15（e）所示，将渐变类型设置为"线性"；"选项"中的"角度"设置为 0、"边界"设置为 0；"颜色调和"设置为"自定义"，颜色可根据自己需要随便切换，当前选择"蓝色"。将渐变调色板上的小三角调到合适的位置，单击"确定"按钮后，就得到了如图 4-15（d）所示的图形。将图 4-14（a）和图 4-15（d）组合成如图 4-15（f）所示形状，并组合在图 4-9（a）相应的位置上。

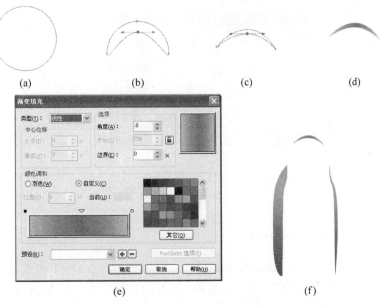

(a)　　　　　(b)　　　　　(c)　　　　　(d)

(e)　　　　　　　　　(f)

图 4-15　灯芯修饰组件轮廓绘制、填色、组合

在工具箱中选取矩形工具▭绘制一个矩形,如图 4-16(a)所示,并转换为曲线(执行"排列"→"转换为曲线"命令)。在工具箱中选取形状工具⬚,通过增加或者删除节点的方法编辑成想要的形状,通过进一步编辑节点或拖动节点上的调节杆依次编辑成如图 4-16(b)、图 4-16(c)和图 4-16(d)所示的形状。

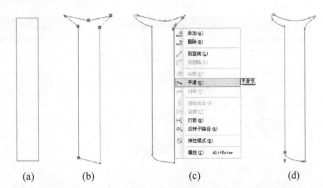

(a)　　　　　(b)　　　　　(c)　　　　　(d)

图 4-16　灯芯修饰局部组件轮廓绘制

在工具箱中选取填充工具⬥中的"渐变填充",弹出"渐变填充"对话框,参数设置如图 4-17(b)所示,将渐变类型设置为"线性";"选项"中的"角度"设置为 0、"边界"设置为 0;"颜色调和"设置为"自定义",颜色可根据自己需要随便切换,当前选择"蓝色"。将渐变调色板上的小三角调到合适的位置,单击"确定"按钮后,就得到了如图 4-17(a)所示图形,并组合在图 4-9(a)相应的位置上。

在工具箱中选取椭圆工具◯绘制一个椭圆,如图 4-18(a)所示,并转换为曲线(执行"排列"→"转换为曲线"命令)。在工具箱中选取形状工具⬚,通过增加或者删除节点的方法编辑成想要的形状,通过进一步编辑节点或拖动节点上的调节杆依次编辑成如

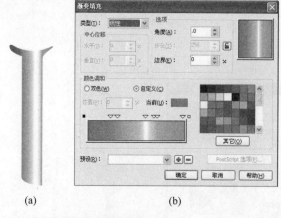

(a)   (b)

图 4-17 灯芯修饰局部组件填色

图 4-18(b)和图 4-18(c)所示的形状。将如图 4-18(c)所示图形复制一个,在工具属性栏中执行"垂直镜像"命令 ,如图 4-18(d)所示,并将图 4-18(c)和图 4-18(d)组合,如图 4-18(e)所示。

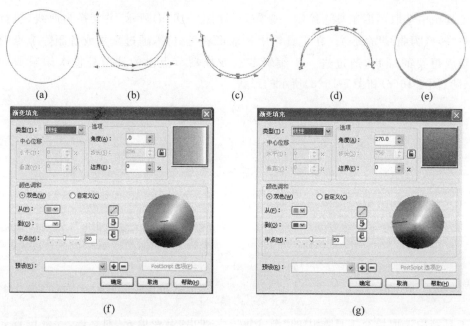

(a)   (b)   (c)   (d)   (e)

(f)   (g)

图 4-18 灯芯修饰局部组件轮廓绘制、填色

  在工具箱中选取填充工具 中的"渐变填充",弹出"渐变填充"对话框,下缺月参数设置如图 4-18(f)所示,渐变类型设置为"线性";"选项"中的"角度"设置为 0、"边界"设置为 0;"颜色调和"设置为"双色",颜色可根据自己需要随便切换,当前选择"浅蓝色",颜色值设为(C:37,M:2,Y:14,K:0)。中点参数设置为 50,单击"确定"按钮。其他参数设置如图 4-18(g)所示,渐变类型设置为"线性";"选项"区域中的"角度"设置为 270,"边界"设置为 0;"颜色调和"设置为"双色",颜色可根据自己需要随便切换,当前选择"蓝色",颜

色值设为(C：43，M：2，Y：5，K：0)。中点参数设置为50，单击"确定"按钮，如图 4-18 所示，并组合在图 4-9(a)相应的位置上。

　　(2)绘制灯丝过程。用贝塞尔曲线工具绘制一条直线，切换到形状工具，添加 5个节点，如图 4-19(a)所示。首先选择 3 个偶数节点(在选择的时候同时按下 Shift 键)，用方向键向下移动节点，如图 4-19(b)所示，将图 4-19(c)所示的节点选中后，单击鼠标右键，从弹出的快捷菜单中选择"到曲线"命令。执行完后，按 Delete 键删除选中的 3 个偶数节点，就得到了灯丝，如图 4-19(d)所示。

(a)   (b)   (c)   (d)

图 4-19 灯丝局部组件轮廓绘制(一)

　　用贝塞尔曲线工具绘制一条直线，切换到形状工具，添加 4 个节点，如图 4-20(a)和图 4-20(b)所示。单击鼠标右键，从弹出的快捷菜单中选择"平滑"命令，用调节杆绘制成图 4-20(c)所示形状，并复制一个，在工具属性栏中选取"水平镜像"命令，移动到合适位置，就得到图 4-20(d)所示的形状。

　　在工具箱中选取矩形工具绘制一个矩形，如图 4-21(a)所示，切换到形状工具，将 4 个边角圆滑度设置为 100，就可以得到如图 4-21(b)所示形状，并填充为蓝色，颜色参数设为(C：93，M：25，Y：20，K：0)，如图 4-21(c)所示。

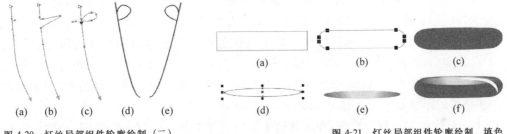

(a) (b) (c) (d) (e)   (a)   (b)   (c)   (d)   (e)   (f)

图 4-20 灯丝局部组件轮廓绘制(二)   图 4-21 灯丝局部组件轮廓绘制、填色

　　在工具箱中选取椭圆工具绘制一个椭圆，如图 4-21(d)所示。在工具箱中选取填充工具中的"渐变填充"，弹出"渐变填充"对话框，将渐变类型设置为"射线"；"中心位移"设置为"水平值1、垂直值100"；"选项"中的"角度"设置为0、"边界"设置为0；"颜色调和"设置为"自定义"，颜色可根据自己需要随便切换，当前选择"蓝色"。将渐变调色板上的小三角调到合适的位置，单击"确定"按钮后，就形成图 4-21(e)所示图形。将图 4-21(c)和图 4-21(e)组合，并加上高光(高光的绘制方法前面已介绍)，就得到如图 4-21(f)所示图形。

　　将图 4-19(d)和图 4-20(d)组合，得到如图 4-22(a)所示图形，用绘制图 4-20(d)的方法绘制出如图 4-22(b)所示图形。将图 4-22(a)和图 4-22(b)组合，灯丝部分就做好了，如图 4-22(c)所示(组合时要注意比例关系，可以配合 Shift 键进行等比例缩放)。

　　在工具箱中选取矩形工具绘制一个矩形，如图 4-23(a)所示，并转换为曲线(执行"排列"→"转换为曲线"命令)。切换到形状工具，通过增加或者删除节点依次编辑成如图 4-23(b)所示的形状。

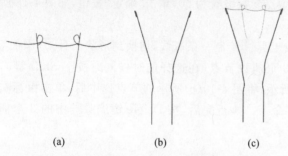

(a)　　　　　　(b)　　　　　　(c)

图 4-22　灯丝局部组件组合

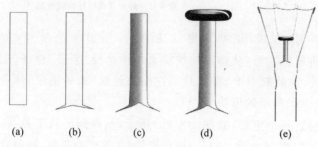

(a)　　　(b)　　　(c)　　　(d)　　　(e)

图 4-23　灯丝局部组件轮廓绘制、填色、组合

　　在工具箱中选取填充工具 中的"渐变填充",弹出"渐变填充"对话框,将渐变类型设置为"线性";"选项"中的"角度"设置为 0、"边界"设置为 0;"颜色调和"设置为"自定义",颜色可根据自己需要随便切换。将渐变调色板上的小三角调到合适的位置,单击"确定"按钮后,就形成如图 4-23(c)所示图形。将图 4-21(f)和图 4-23(c)组合,就得到如图 4-23(d)所示图形。将图 4-22(c)和图 4-23(d)组合(组合时注意比例关系)。至此,第(2)步所做的形状基本上就有了,如图 4-23(e)所示。

　　(3)灯泡绘制过程。首先,在工具箱中选取椭圆工具 绘制一个椭圆,如图 4-24(a)所示,并转换为曲线(执行"排列"→"转换为曲线"命令)。在工具箱中选取形状工具 ,通过增加或者删除节点依次编辑成图 4-24(b)所示的形状。在调整形状的时候单击鼠标右键,从弹出的快捷菜单中选择"平滑"命令,用调节杆绘制成如图 4-24(b)所示形状。也可以用在前面绘制图 4-4(b)的方法,选择"排列"→"造型"命令,弹出"造型"泊坞窗口,如图 4-4(c)所示,同样可以获得如图 4-24(c)所示的形状。可以根据自己的需要,觉得哪种方法简便准确,就用哪一种。最后就轻松地获得了灯泡形状,如图 4-24(d)所示。

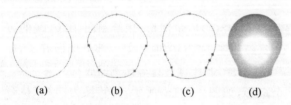

(a)　　　(b)　　　(c)　　　(d)

图 4-24　灯泡轮廓绘制、填色

在工具箱中选取填充工具 中的"渐变填充",弹出"渐变填充"对话框,如图 4-25(g)所示,将"渐变类型"设置为"射线";"中心位移"设置为"水平是 1、垂直是－5";"选项"中的"边界"设置为 8;"颜色调和"设置为"自定义",颜色可根据自己需要随便切换,当前选择"蓝色"。将渐变调色板上的小三角调到合适的位置,单击"确定"按钮后,灯泡就绘制好了,如图 4-24(d)所示。

在工具箱中选取矩形工具 绘制一个矩形,如图 4-25(a)所示,并转换为曲线(执行"排列"→"转换为曲线"命令)。选择"排列"→"造型"命令,弹出"造型"泊坞窗口,如图 4-25(b)所示,同样可以获得如图 4-25(c)所示的形状。在工具箱中选取形状工具 ,通过增加或者删除节点依次编辑成如图 4-25(d)所示的形状。在工具箱中选取填充工具 中的"渐变填充",弹出"渐变填充"对话框,如图 4-25(h)所示,将"渐变类型"设置为"射线";"中心位移"设置为"水平值－5、垂直值 100";"选项"中的"边界"设置为 1;"颜色调和"设置为"自定义",颜色可根据自己需要随便切换,当前选择"蓝色"。将渐变调色板上的小三角调到合适的位置,单击"确定"按钮后,想要的灯泡下边部分就绘制好了,如图 4-25(e)所示。将图 4-24(d)和图 4-25(e)组合,使用前面绘制高光的方法给灯泡绘制上高光,这样一个完整的灯泡就绘制好了,如图 4-25(f)所示。

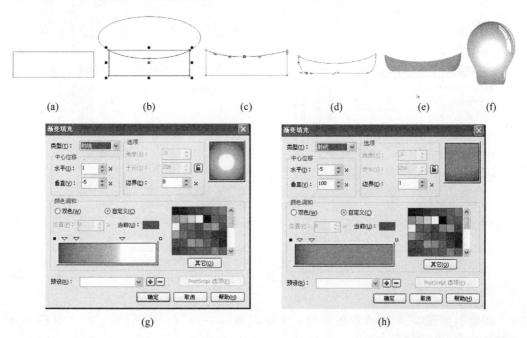

图 4-25 灯泡轮廓绘制、填色、组合

(4) 灯座绘制过程。在工具箱中选取矩形工具绘制一个矩形,如图 4-26(a)所示,并转换为曲线(执行"排列"→"转换为曲线"命令)。在工具箱中选取形状工具 ,通过增加或者删除节点依次编辑成如图 4-26(b)所示的形状。接着要完成如图 4-26(c)所示的效果,这里有点小窍门。将图 4-26(b)向上平行移动到合适的位置,单击一下鼠标右键,释放后就会看到复制了一个如图 4-26(b)所示图形,紧接着按 Ctrl＋D 组合键,就会出现如图 4-26(c)所示的效果。这样复制的效果既保证了与原图的平行,还保证了被复制的每一个形之间的间距是等距的,特别是复制的量多的时候会经常使用,此项操作可以帮助读者完成很多效果,应该熟练掌握。

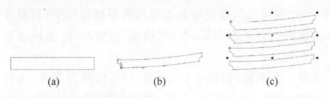

图 4-26　灯座组件轮廓绘制

在工具箱中选取填充工具 中的"渐变填充",弹出"渐变填充"对话框,如图 4-27(g)所示,将渐变类型设置为"射线";"选项"中"边角"和"边界"分别设置为 0;"颜色调和"设置为"自定义",颜色可根据自己需要随便切换,当前选择"不同程度的黑和灰"。将渐变调色板上的小三角调到合适的位置,单击"确定"按钮后,想要的灯泡下边部分就绘制好了,如图 4-27(a)所示。选中图 4-27(a)中最上一个组件,将其上下拉伸,并使用形状工具 稍做调整,如图 4-27(b)所示,就得到了如图 4-27(c)所示图形。

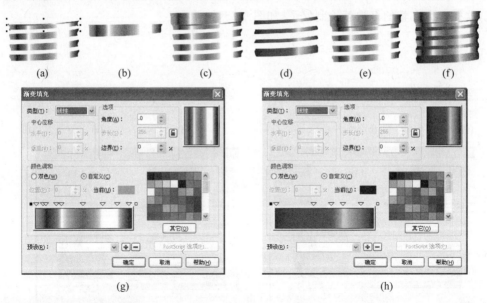

图 4-27　灯座组件轮廓绘制、填色

用绘制如图 4-26(c)所示图形的方法绘制如图 4-27(d)所示图形。在工具箱中选取挑选工具并选取图 4-26(c)中的任意一个组件,使用形状工具 调整成图 4-27(d)中最上一个组件的形状。分别将图 4-27(d)中的图形选中后填充为灰色的渐变效果,具体的方法:在工具箱中选取填充工具 中的"渐变填充"命令,将弹出的"渐变填充"对话框中的参数设置为如图 4-27(h)所示,将渐变类型设置为"射线";"选项"中的"边角"和"边界"分别设置为 0;"颜色调和"设置为"自定义",颜色可根据自己需要随便切换,当前选择"不同程度的黑和灰"。将渐变调色板上的小三角调到合适的位置,单击"确定"按钮,想要的灯泡下边部分的装饰效果就绘制好了,如图 4-27(d)所示。将图 4-27(d)和图 4-27(e)组合,就轻松得到了如图 4-27(f)所示的图形。在组合的时候将图 4-27(d)

所示图形放在图 4-27(e)的下部分,方法是将图 4-27(d)中的图形选中,执行"顺序"→"向后一层"命令。

分别按图 4-28(a)、图 4-28(b)和图 4-28(c)绘制成各自的形状,将其组成如图 4-28(d)所示的形状,这样就将第(4)步轻松完成了。具体的方法是:在工具箱中选取椭圆工具◎绘制一个椭圆,执行"排列"→"转换为曲线"命令。在工具箱中选取形状工具◎,通过增加或者删除节点依次编辑成如图 4-28(a)、图 4-28(b)和图 4-28(c)所示的形状。

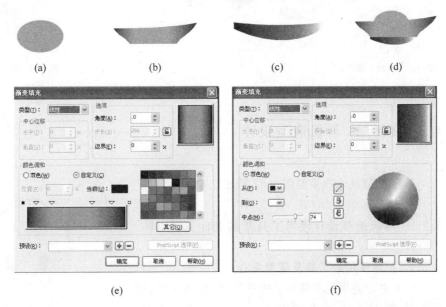

图 4-28　灯座局部组件绘制、填色

在工具箱中选取填充工具◇中的"渐变填充",将图 4-28(a)的颜色参数设置为灰色(参数为 C:93、M:25、Y:20、K:5)。将图 4-28(b)的颜色参数设置为如图 4-28(e)所示,将渐变类型设置为"线性";"选项"中的"角度"设置为 0、"边界"设置为 0;"颜色调和"设置为"自定义",颜色可根据自己需要随便切换,当前选择"黑色"。将渐变调色板上的小三角调到合适的位置,单击"确定"按钮。将图 4-28(c)的颜色参数设置为如图 4-28(f)所示,将渐变类型设置为"线性";"选项"中的"角度"设置为 0、"边界"设置为 0;"颜色调和"设置为"双色",颜色可根据自己需要随便切换,当前选择"黑色"。将渐变调色板上的小三角调到合适的位置,单击"确定"按钮。将图 4-28(a)、图 4-28(b)和图 4-28(c)按适当的比例组合,如图 4-28(d)所示。

将图 4-27(f)和图 4-29(a)按适当的比例组合,如图 4-29(b)所示。这样,灯泡的灯座就制作好了。

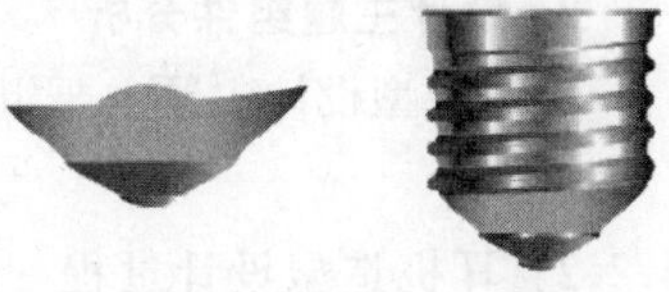

将图 4-30(a)、图 4-30(b)、图 4-30(c)和图 4-30(d)按不同的比例组合,如图 4-31 所示,这样,一个彩色灯泡就完全制作好了。其他颜色的灯泡只要按制作蓝色灯泡的方法更换颜色就可以了。

(a)　　　　　(b)

图 4-29　灯座局部组件组合

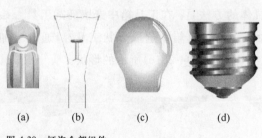

(a)　　　(b)　　　(c)　　　(d)

图 4-30　灯泡全部组件

图 4-31　灯泡最终组合效果

4.2　案例二：耳机造型设计

耳机造型设计效果如图 4-32 所示。

4.2.1　耳机造型设计使用工具及其设计主题组件

1. 主要使用的工具及菜单命令

（1）主要使用的工具有：挑选工具、形状工具、椭圆工具、矩形工具、交互式投影工具、垂直镜像工具、群组/取消群组工具、填充工具（均匀填充、渐变填充）、轮廓工具等。

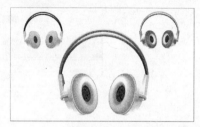

图 4-32　耳机造型设计效果

（2）主要使用的菜单命令有：

①"排列"→"转换为曲线"。

②"排列"→"群组"。

③"排列"→"取消群组"。

④"排列"→"顺序"。"顺序"命令又包括：

• 到页前面、到页后面；

• 到图层前面、到图层后面、向前一层、向后一层；

• 置于此对象前、置于此对象后。

2. 设计主题组件分析

耳机造型设计主题主要组件由连卡部分、听筒部分组成。

4.2.2　耳机造型设计过程

（1）耳机连卡部分绘制过程。在工具箱中选取矩形工具▢绘制一个矩形，如图 4-33（a）所示，并转换为曲线（执行"排列"→"转换为曲线"命令）。在工具箱中选取形状工具▷，通过拖动节点或增加、删除节点的方法依次编辑成如图 4-33（b）、图 4-33（c）所示的形状。将如图 4-33(c)所示形状复制一个,稍做调整后如图 4-33(d)所示。至此,第(1)步所做的形状基本上就有了。

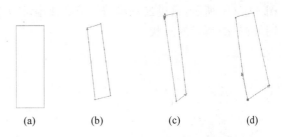

（a）　　　　　　（b）　　　　　　（c）　　　　　　（d）

图 4-33　耳机连卡局部轮廓绘制（一）

分别将如图 4-33(c)和图 4-33(d)所示图形填充为灰色渐变。在工具箱中选取填充工具 中的"渐变填充",弹出"渐变填充"对话框,如图 4-34(d)所示,将渐变类型设置为"线性";"选项"中的"边界"和"角度"设置为 0;"颜色调和"设置为"双色",颜色可根据自己需要随便切换,当前选择"灰色",单击"确定"按钮,如图 4-34(a)所示。在工具箱中选取填充工具 中的"渐变填充",弹出"渐变填充"对话框,如图 4-34(e)所示,将渐变类型设置为"线性";"选项"中的"角度"设置为 185、"边界"设置为 35;"颜色调和"设置为"双色",颜色可根据自己需要随便切换,当前选择"灰色",单击"确定"按钮,如图 4-34(b)所示。把绘制好的图 4-34(a)和图 4-34(b)组合(组合时一定要配合 Shift 键等比例缩放)成如图 4-34(c)所示的样子。

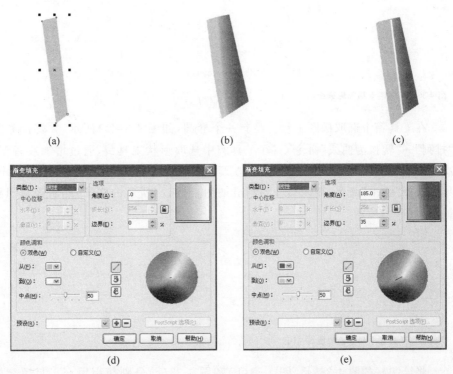

（a）　　　　　　　　（b）　　　　　　　　（c）

（d）　　　　　　　　　　（e）

图 4-34　耳机连卡局部轮廓填色

（2）在工具箱中选取椭圆工具 绘制一个椭圆,如图 4-35(a)所示,并转换为曲线(执行"排列"→"转换为曲线"命令）。在工具箱中选取形状工具▣，通过增加或者删除节点的方法编辑成想要的形状，这里需要在几个决定形状的地方增加 3 个节点，如图 4-35(b)所示，通过进一步编辑节点或拖动节点上的调节杆依次编辑成如图 4-35(c)和图 4-35(d)所示的形状。

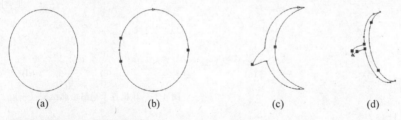

   (a)   (b)   (c)   (d)

图 4-35 耳机连卡局部轮廓绘制（二）

  在工具箱中选取椭圆工具▣绘制一个椭圆，如图 4-36(a)所示，并转换为曲线（执行"排列"→"转换为曲线"命令）。在工具箱中选取形状工具▣，通过增加或者删除节点依次编辑成如图 4-36(b)所示的形状。在调整形状的时候，单击鼠标右键，从弹出的快捷菜单中选择"平滑"命令，用调节杆绘制成如图 4-36(b)所示的样子，然后获得想要的形状，如图 4-36(c)所示。

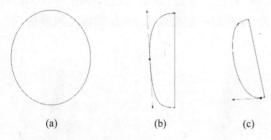

   (a)   (b)   (c)

图 4-36 耳机连卡局部轮廓绘制（三）

  在工具箱中选取椭圆工具▣绘制一个椭圆，如图 4-37(a)所示，并转换为曲线（执行"排列"→"转换为曲线"命令）。在工具箱中选取形状工具▣，通过增加或者删除节点依次编辑成如图 4-37(b)所示的形状。在调整形状的时候，单击鼠标右键，从弹出的快捷菜单中选择"平滑"命令，用调节杆绘制成如图 4-37(c)所示的样子，然后获得想要的形状，如图 4-37(d)所示。

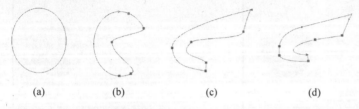

  (a)   (b)   (c)   (d)

图 4-37 耳机连卡局部轮廓绘制（四）

  将绘制好的图 4-38(a)、图 4-38(b)和图 4-38(c)分别使用填充工具填充为渐变色。具体的方法是：在工具箱中选取填充工具▣中的"渐变填充"，弹出"渐变填充"对话框，如图 4-38(e)所示，将渐变类型设置为"线性"；"选项"区域中的"角度"设置为 280，"边界"

设置为20;"颜色调和"设置为"双色",颜色可根据自己需要随便切换,当前选择"灰色",单击"确定"按钮后,如图4-38(a)所示。

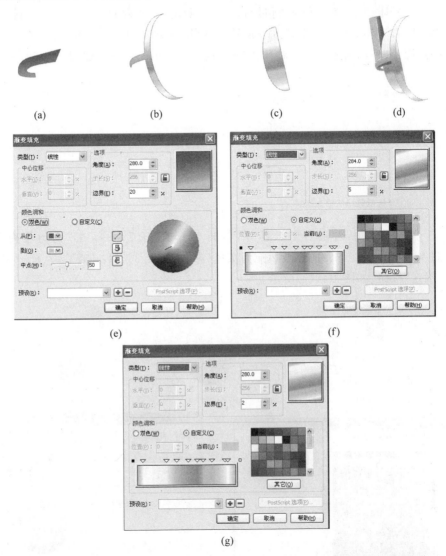

(a)　　　　　　(b)　　　　　　(c)　　　　　　(d)

(e)　　　　　　　　　　　　(f)

(g)

图4-38　耳机连卡局部填色、组合

　　在工具箱中选取填充工具 ◆ 中的"渐变填充",弹出"渐变填充"对话框,如图4-38(f)所示,将渐变类型设置为"线性";"选项"区域中的"角度"设置为284,"边界"设置为5;"颜色调和"设置为"自定义",颜色可根据自己需要随便切换,将渐变调色板上的小三角调到合适的位置,单击"确定"按钮后,如图4-38(b)所示。

　　在工具箱中选取填充工具 ◆ 中的"渐变填充",弹出"渐变填充"对话框,如图4-38(g)所示,将渐变类型设置为"线性";"选项"区域中的"角度"设置为280,"边界"设置为2;"颜色调和"设置为"自定义",颜色可根据自己需要随便切换,将渐变调色板上的小三角调到合适的位置,单击"确定"按钮后,如图4-38(c)所示。

　　将绘制好的图4-34(c)、图4-38(a)、图4-38(b)和图4-38(c)组合(组合时要配合Shift

键等比例缩放),按一定的比例放在相应的位置,这样第(1)步就制作完成了,如图 4-38(d)所示。

(2) 耳机听筒部分绘制过程。在工具箱中选取椭圆工具 ◎ 绘制一个椭圆,如图 4-39(a)所示,将其旋转 5.6°,如图 4-39(b)所示。再复制一个,配合 Shift 键等比例缩放到图 4-39(c)所示大小。将图 4-39(b)和图 4-39(c)组合成如图 4-39(d)所示的样子。

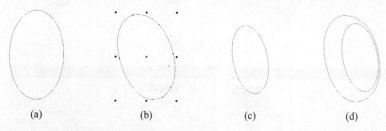

(a)   (b)   (c)   (d)

图 4-39 耳机听筒局部轮廓绘制 (一)

在工具箱中选取填充工具 ◇,执行"均匀填充"命令,在"均匀填充"对话框(见图 4-40(d))中将下面的椭圆填充为灰色(参数为 C:22、M:15、Y:7、K:0),完成后单击"确定"按钮,如图 4-40(a)所示。

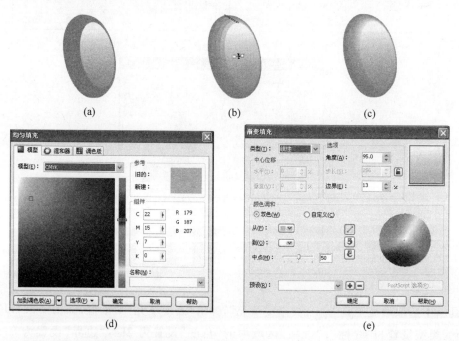

图 4-40 耳机听筒局部填色并交互式调和 (一)

注意:在填充颜色的时候可以根据颜色的纯度变化去选择,如果是纯色,直接在右边的调色板选择会更方便。也可以使用填充工具 ◇,通过设置颜色参数获取。

在工具箱中选取填充工具 ◇ 中的"渐变填充",弹出"渐变填充"对话框,如图 4-40(e)所示,将上面的椭圆填充为渐变灰色,参数设置为:渐变类型为"线性";"选项"区域中的"角度"设置为 95,"边界"设置为 13;"颜色调和"设置为"双色",颜色可根据自己需要随便切换,单击"确定"按钮后,如图 4-40(a)所示。

在工具箱中选取交互式调和工具，将图4-40(a)的两个组件调和,如图4-40(b)所示。在工具属性栏中设置"步长或调和形状之间的偏移量"为46,如图4-40(c)所示。

在工具箱中选取椭圆工具绘制一个椭圆,如图4-41(a)所示,将其旋转5.6°,再复制一个,配合 Shift 键等比例缩放到图 4-41(a)中的椭圆上,将其错位组合成如图4-41(b)所示的样子。

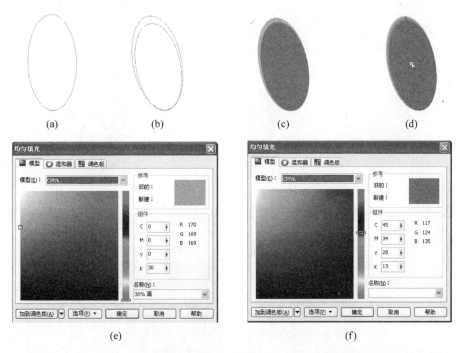

(a)　　　　(b)　　　　(c)　　　　(d)

(e)　　　　　　　　　　(f)

图4-41　耳机听筒局部填色并交互式调和(二)

在工具箱中选取填充工具，执行"均匀填充"命令,在"均匀填充"对话框(见图4-41(e))中将下面的椭圆填充为灰色(参数为 C：0、M：0、Y：0、K：30),完成后单击"确定"按钮,如图4-41(c)所示。

在工具箱中选取填充工具，执行"均匀填充"命令,在"均匀填充"对话框(见图4-41(f))中将上面的椭圆填充为灰色(参数为 C：45、M：34、Y：28、K：13),完成后单击"确定"按钮,如图4-41(c)所示。

在工具箱中选取交互式调和工具，在工具属性栏中设置"步长或调和形状之间的偏移量"为46,将图4-41(c)的两个组件调和成如图4-41(d)所示图形。

在工具箱中选取椭圆工具绘制一个椭圆,如图4-42(a)所示,将其旋转5.6°,如图4-42(b)所示。再复制一个,配合 Shift 键等比例缩放到如图4-42(c)所示大小。将图4-42(b)和图4-42(c)组合成如图4-42(d)所示的样子。

把图4-42(d)下面的椭圆填充为一个灰度渐变。在工具箱中选取填充工具中的"渐变填充",弹出"渐变填充"对话框,如图4-43(d)所示,将渐变类型设置为"线性";"选项"中的"角度"设置为95、"边界"设置为13;"颜色调和"设置为"双色",颜色可根据自己需要随便切换,单击"确定"按钮后,如图4-43(a)所示。

在工具箱中选取填充工具，执行"均匀填充"命令,在"均匀填充"对话框(见

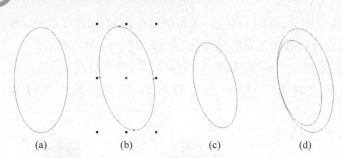

(a)   (b)   (c)   (d)

图 4-42　耳机听筒局部轮廓绘制（二）

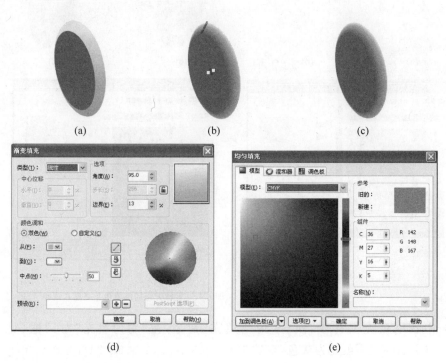

图 4-43　耳机听筒局部填色并交互式调和（三）

图 4-43(e)）中将上面的椭圆填充为灰色（参数为 C：36、M：27、Y：16、K：5），完成后单击"确定"按钮，如图 4-43(a)所示。

    在工具箱中选取交互式调和工具，将图 4-43(a)的两个组件调和成如图 4-43(b)所示样子。在工具属性栏中设置"步长或调和形状之间的偏移量"为 46，如图 4-43(c)所示。

    在工具箱中选取椭圆工具绘制一个椭圆，如图 4-44(a)所示，将其旋转 5.6°，如图 4-44(b)所示。再复制一个，配合 Shift 键等比例缩放到如图 4-44(c)所示大小。将其组合成图 4-44(d)所示的样子。

    在工具箱中选取填充工具，执行"均匀填充"命令，在"均匀填充"对话框（见图 4-45(d)）中将下面的椭圆填充为黑色（参数为 C：0、M：0、Y：0、K：100），完成后单击"确定"按钮，如图 4-45(a)所示。

    在工具箱中选取填充工具，执行"均匀填充"命令，在"均匀填充"对话框（见图 4-45(e)）中将上面的椭圆填充为灰色（参数为 C：69、M：50、Y：47、K：45），完成后单

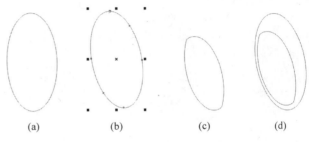

(a)　　　　　　　(b)　　　　　　　(c)　　　　　　　(d)

图 4-44　耳机听筒局部轮廓绘制（三）

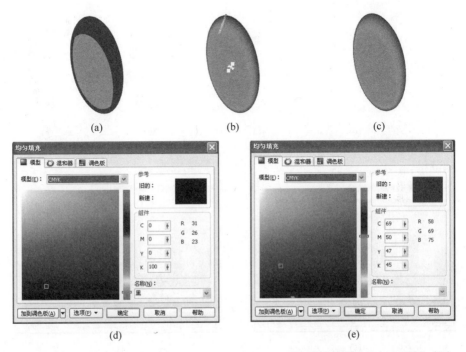

图 4-45　耳机听筒局部填色并交互式调和（四）

击"确定"按钮，如图 4-45(a)所示。

　　在工具箱中选取交互式调和工具 ，将图 4-45(a)的两个组件调和成如图 4-45(b)所示样子。在工具属性栏中设置"步长或调和形状之间的偏移量"为 46，如图 4-45(c)所示。

　　将图 4-46(a)、图 4-46(b)、图 4-46(c)和图 4-46(d)按一定的比例组合，放在相应的位置（组合时要配合 Shift 键等比例缩放），这样耳机听筒就基本上制作完成了，如图 4-46(e)所示。

　　在工具箱中选取椭圆工具 绘制一个椭圆，如图 4-47(a)所示，复制 3 个并排列为一组，并复制一组，在工具属性栏中选取"垂直镜像"命令 ，就得到如图 4-47(b)所示图形。

　　在工具箱中选取填充工具 ，执行"均匀填充"命令，在"均匀填充"对话框（见图 4-47(f)）中将下面的椭圆填充为蓝色（参数为 C：38、M：24、Y：16、K：4），完成后单击"确定"按钮，如图 4-47(c)所示。

　　在工具箱中选取填充工具 ，执行"均匀填充"命令，在"均匀填充"对话框（见

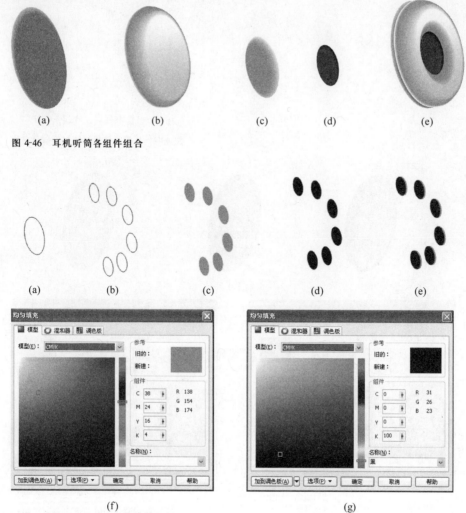

图 4-46　耳机听筒各组件组合

图 4-47　耳机听筒局部修饰绘制、填色

图 4-47(g))中将下面的椭圆填充为黑色(参数为 C：0、M：0、Y：0、K：100)，完成后单击
"确定"按钮，如图 4-47(d)所示。

　　将如图 4-47(c)和图 4-47(d)所示图形错位重叠，这样就会出现一个投影的效果，增
加其立体感，如图 4-47(e)所示。

　　将听筒的柄(见图 4-48(a))和里边的装饰(见图 4-48(b))与如图 4-46(e)所示图形按
一定的比例组合，放在相应的位置(组合时要配合 Shift 键等比例缩放)，这样一个完整的
耳机听筒就制作完成了，如图 4-48(c)所示。

　　(3) 在工具箱中选取椭圆工具 绘制一个椭圆，如图 4-49(a)所示，并转换为曲线(执
行"排列"→"转换为曲线"命令)。在工具箱中选取形状工具 ，通过增加或者删除节点
依次编辑成如图 4-49(b)所示的形状(在调整形状的时候，单击鼠标右键，从弹出的快捷
菜单中选择"平滑"命令)，这样就轻松地获得了想要的形状，如图 4-49(c)所示。

　　通过进一步调整就得到如图 4-50(a)所示的形状，分别在工具箱中选取填充工具

(a)　　　　　　　(b)　　　　　　　(c)

图 4-48　耳机连卡、听筒组合效果

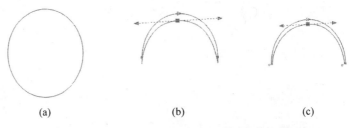

(a)　　　　　　　(b)　　　　　　　(c)

图 4-49　耳机听筒局部轮廓绘制（四）

中的"渐变填充"，如图 4-50(b)所示图形效果的具体参数设置如图 4-50(d)所示；如图 4-50(c)所示图形效果的具体参数设置如图 4-50(e)所示，将其组合成如图 4-50(f)所示形状。获得图 4-50(g)的方法和图 4-50(f)的方法一样。将如图 4-50(f)所示组件复制一个，使用填充工具 中的"渐变填充"更换相应的颜色就可以了。再将图 4-50(f)和图 4-50(g)错位组合，就绘制好了耳机的连卡部分，如图 4-50(h)所示。

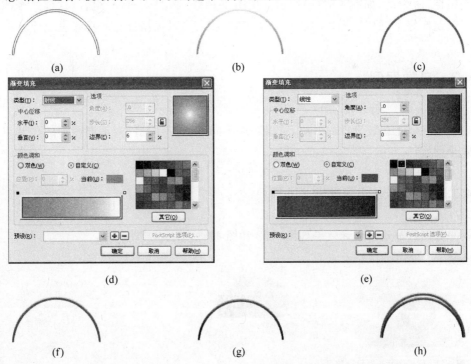

图 4-50　耳机听筒局部轮廓绘制、填色、组合

将图4-51(a)全部选中，执行"群组"命令(选择"排列"→"群组"/"取消群组"命令，见图4-51(f))。在工具箱中选取"交互式阴影"工具，如图4-51(e)所示，执行命令后拖动小方块，拖动的幅度决定阴影的跨度，可根据自己的需要去调节，如图4-51(b)所示。至于阴影的颜色也可根据自己的需要调节，具体的方法如下：在工具属性栏中选取"阴影颜色"命令，如图4-51(g)所示，这里选用浅蓝色。

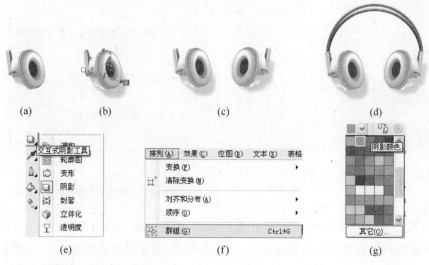

(a)　　　　(b)　　　　　　(c)　　　　　　(d)

(e)　　　　　　(f)　　　　　　(g)

图4-51　耳机各组件组合、添加投影

交互式阴影命令执行完后，将其复制一个(见图4-51(b))，在工具属性栏中选取"水平镜像"命令，如图4-51(c)所示。把图4-50(h)和图4-51(c)组合，这样一个漂亮的耳机就制作好了，如图4-51(d)所示。至于其他颜色，可根据自己的喜好去设计。

4.3　自学案例

掌握以上包装设计的方法，可以解决不同类型、不同造型、不同图形的包装以及包装效果图设计。

4.3.1　数码产品造型设计

数码产品造型设计效果如图4-52和图4-53所示。

图4-52　数码产品造型设计效果（一）

图 4-53 数码产品造型设计效果（二）

4.3.2 眼镜造型设计

眼镜造型设计效果如图 4-54 所示。

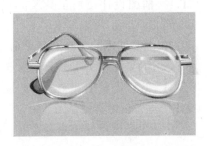

图 4-54 眼镜造型设计效果

小结

　　本章实例重点掌握"造型"命令和"渐变填充"、"交互式调和"工具，这些也是 CorelDRAW X5 常用的命令和工具。"造型"命令可以帮助我们得到很多图形，除"修剪"命令外，它还包括"焊接"、"简化"、"相交"命令等，可根据自己想要的形状选择不同的命令。"渐变填充"工具和"交互式调和"工具可以绘制出很多绚丽的渐变特效。通过本章的实例学习，使前面两章学习的"形状"工具和"转换为曲线"命令等一些常规性的命令得到进一步的强化，使之成为一种操作的技能。通过分解一个被设计产品所要设计的组件，分别将组件绘制就可以绘制出我们想要的任何产品外观造型。

　　将灯泡和耳机制作所使用到的工具和命令以及一些技巧和方法延伸到其他产品的外观造型设计制作中，通过产品的外观造型设计，反复使用需要重点掌握的工具和命令，进而达到熟练掌握软件的目的。

第 5 章　插图设计

5.1　案例一：精美插图设计（春曲）

精美插图设计效果（春曲）如图 5-1 所示。

5.1.1　插图设计使用工具及其设计主题组件

1. 主要使用的工具及菜单命令

（1）主要使用的工具有：挑选工具、形状工具、矩形工具、交互式变形工具、水平镜像工具、填充工具（均匀填充、渐变填充）等。

图 5-1　精美插图设计效果（春曲）

（2）主要使用的菜单命令有：

① "排列"→"转换为曲线"。

② "编辑"→"复制"/"粘贴"。

③ "排列"→"群组"。

④ "排列"→"取消群组"。

⑤ "排列"→"顺序"。"顺序"命令又包括：

- 到页前面、到页后面；
- 到图层前面、到图层后面、向前一层、向后一层；
- 置于此对象前、置于此对象后。

2. 设计主题组件分析

精美插图设计主题主要组件由树叶、树枝、树干组成。

5.1.2　插图设计制作过程

（1）绘制树叶。在工具箱中选取矩形工具□绘制一个矩形，如图 5-2(a) 所示，并转换为曲线（执行"排列"→"转换为曲线"命令）。用形状工具┞通过拖动节点或增加、删除节点的方法依次编辑成如图 5-2(b)、图 5-2(c) 和图 5-2(d) 所示的形状。至此，第(1)步所做的形状基本上就有了。

有了这个形状，就可以去做叶脉了。添加 3 个节点为一组，分别将节点编辑成如

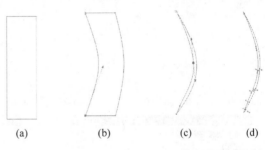

图 5-2　树叶的叶脉轮廓绘制

图 5-3(a)所示,然后获得想要的形状,如图 5-3(b)所示。在工具箱中选取填充工具 中的"渐变填充",弹出"渐变填充"对话框,具体的参数设置如图 5-3(d)所示,完成后单击"确定"按钮,如图 5-3(c)所示。

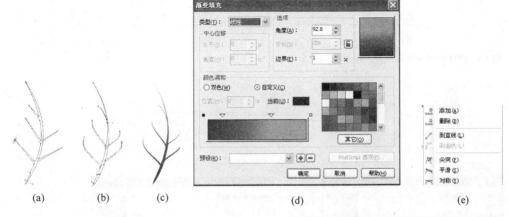

图 5-3　树叶的叶脉轮廓绘制、填色

绘制树叶的形状。在工具箱中选取椭圆工具 绘制一个椭圆,如图 5-4(a)所示,并转换为曲线(执行"排列"→"转换为曲线"命令)。用形状工具 通过增加或者删除节点依次编辑成如图 5-4(b)和图 5-4(c)所示的形状,进一步修改后就会得到如图 5-4(d)所示形状,树叶的一半就做好了。

使用绘制图 5-4(d)的方法绘制(见图 5-4(e)右边部分),这样树叶就绘制好了,如图 5-4(f)所示。再绘制两个露珠,如图 5-4(g)所示。给树叶添色,在工具箱中选取填充工具 中的"渐变填充",弹出"渐变填充"对话框,树叶左边部分的具体参数的设置如图 5-4(i)所示;树叶右边部分的具体参数的设置如图 5-4(j)所示,完成后单击"确定"按钮,这样就绘制好了,如图 5-4(h)所示。露珠部分具体的参数如图 5-5(h)所示。

将如图 5-5(a)所示的叶脉和如图 5-5(b)所示的树叶组合在一起,就得到了一个完整的树叶,如图 5-5(c)所示。要得到如图 5-5(d)所示的图形就非常容易了,将如图 5-5(c)所示图形复制一个,在工具属性栏中选取"水平镜像"命令 ,如图 5-5(d)所示。在工具箱中选取填充工具 中的"渐变填充",弹出"渐变填充"对话框,叶脉部分的参数设置如图 5-5(e)所示,完成后单击"确定"按钮;树叶上边部分的具体参数设置如图 5-5(f)所示,

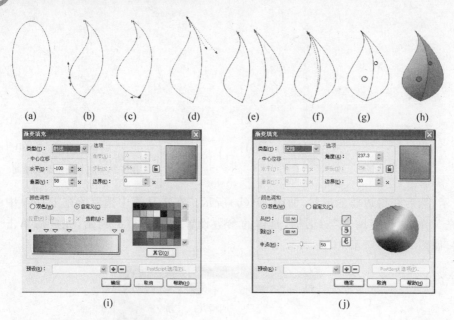

图 5-4 树叶的叶面轮廓绘制、填色

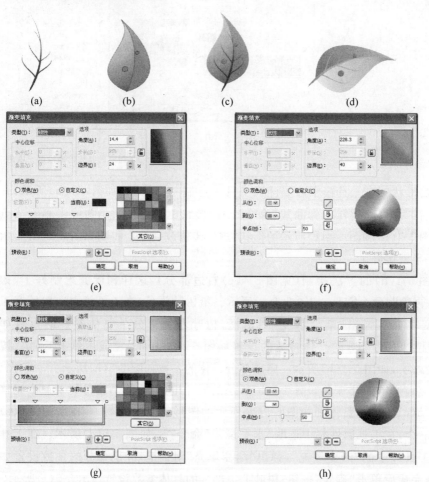

图 5-5 树叶的叶脉和叶面填色、修饰、组合

完成后单击"确定"按钮;树叶下边部分的具体参数设置如图 5-5(g)所示,完成后单击"确定"按钮。这样就绘制好了,如图 5-5(d)所示。

　(2) 在工具箱中选取矩形工具▢绘制一个矩形,如图 5-6(a)所示,并转换为曲线(执行"排列"→"转换为曲线"命令)。用形状工具▣通过拖动节点或增加、删除节点的方法依次编辑成如图 5-6(b)所示的图形。只要单击鼠标右键,从弹出的快捷菜单中选择"到曲线"命令,执行完后,按 Delete 键删除选中的图 5-6(b)所示节点,就得到如图 5-6(c)所示的形状,编辑成如图 5-6(d)所示的样子,依次将图 5-6(d)复制,分别编辑成如图 5-6(e)、图 5-6(f)、图 5-6(g)和图 5-6(h)所示的样子,将图 5-6(d)、图 5-6(e)、图 5-6(f)、图 5-6(g)和图 5-6(h)组合,就得到了图 5-6(i)所示图形。

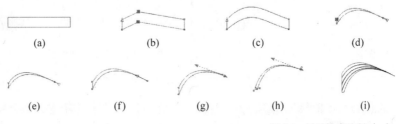

图 5-6　树干轮廓绘制(一)

　在工具箱中选取矩形工具▢绘制一个矩形,如图 5-7(a)所示,并转换为曲线(执行"排列"→"转换为曲线"命令)。用形状工具▣通过拖动节点或增加、删除节点的方法依次编辑成如图 5-7(b)和图 5-7(c)所示的形状。并选中如图 5-7(b)和图 5-7(c)所示相关的节点,单击鼠标右键,从弹出的快捷菜单中选择"到曲线"命令,执行完后,按 Delete 键删除选中的图 5-7(c)中的节点,就得到了如图 5-7(d)所示图形。依次将图 5-7(d)复制,分别编辑成如图 5-7(e)、图 5-7(f)、图 5-7(g)和图 5-7(h)所示图形,将图 5-7(d)、图 5-7(e)、图 5-7(f)、图 5-7(g)和图 5-7(h)组合,就得到了图 5-7(i)所示图形。

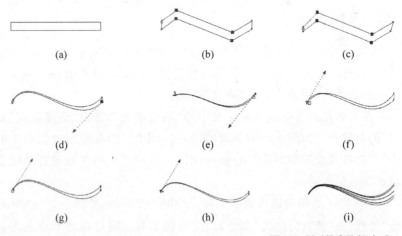

图 5-7　树干轮廓绘制(二)

　将图 5-6(i)和图 5-7(i)组合,这样就绘制好了,如图 5-8(a)所示。按照下面的参数添上相关的颜色并组合,如图 5-8(b)所示。

　执行相关的颜色参数。在工具箱中选取填充工具◈中的"渐变填充",弹出"渐变填

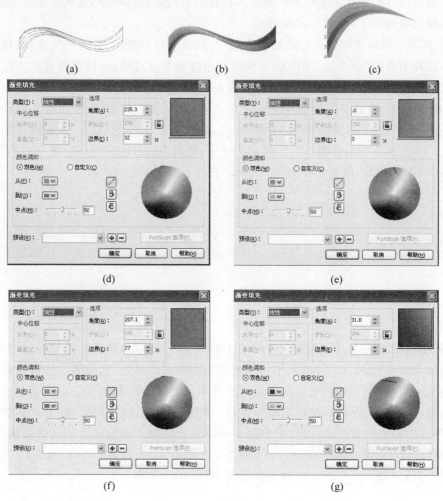

图 5-8　树干各层次填色（一）

充"对话框,图 5-8(c)中"1"的参数设置如图 5-8(d)所示,图 5-8(c)中"2"的参数设置如图 5-8(e)所示,图 5-8(c)中"3"的参数设置如图 5-8(f)所示,图 5-8(c)中"4"的参数设置如图 5-8(g)所示,完成后单击"确定"按钮。

　　在工具箱中选取填充工具 中的"渐变填充",弹出"渐变填充"对话框,图 5-9(a)中"1"的参数设置如图 5-9(b)所示,图 5-9(a)中"2"的参数设置如图 5-9(c)所示,图 5-9(a)中"3"的参数设置如图 5-9(d)所示,图 5-9(a)中"4"的参数设置如图 5-9(e)所示,完成后单击"确定"按钮。

　　（3）在工具箱中选取矩形工具 绘制一个矩形,如图 5-10(a)所示,并转换为曲线(执行"排列"→"转换为曲线"命令)。用形状工具 通过拖动节点或增加、删除节点的方法依次编辑成如图 5-10(b)所示的形状。选中图 5-10(b)中相关的节点,单击鼠标右键,从弹出的快捷菜单中选择"到曲线"命令,执行完后,按 Delete 键删除选中的图 5-10(b)中的节点,就得到如图 5-10(c)所示图形,进一步修改后就得到如图 5-10(d)所示图形。

　　在工具箱中选取矩形工具 绘制一个矩形,如图 5-11(a)所示,并转换为曲线(执行

(a)

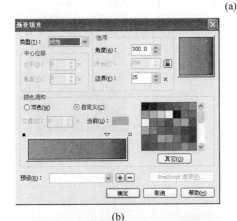

(b)　　　　　　　　　　　　　(c)

(d)　　　　　　　　　　　　　(e)

图 5-9　树干各层次填色（二）

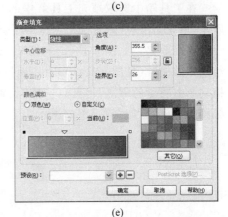

(a)　　　　　(b)　　　　　(c)　　　　　(d)

图 5-10　树枝轮廓绘制（一）

"排列"→"转换为曲线"命令）。用形状工具 通过拖动节点或增加、删除节点的方法依次编辑成如图 5-11(b)所示的形状。选中图 5-11(b)相关的节点，在工具箱中选取交互式变形工具，在工具属性栏中选取 ，执行"变形扭曲"命令，具体的参数设置为旋转角度2°，附加角度 41°，就得到如图 5-11(c)所示图形。单击鼠标右键，从弹出的快捷菜单中选择"到曲线"命令，进一步修改后就可以得到如图 5-11(d)和图 5-11(e)所示图形。

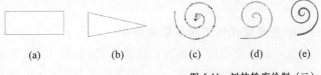

(a)　　　　　(b)　　　　　(c)　　　　　(d)　　　　　(e)

图 5-11　树枝轮廓绘制（二）

将图 5-12(a)和图 5-12(b)组合,这样就绘制好了,如图 5-12(c)所示。有了这个基本型,就可以轻松地编辑所需要的图形了,如图 5-12(d)和图 5-12(e)所示。

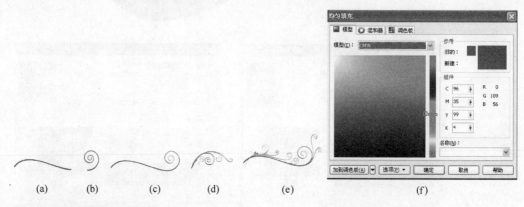

| (a) | (b) | (c) | (d) | (e) | (f) |

图 5-12　树枝各造型组合、填色

在工具箱中选取填充工具 中的"均匀填充",弹出"均匀填充"对话框,如图 5-12(f)所示,填充为绿色(参数为 C:96、M:35、Y:99、K:4),完成后单击"确定"按钮。

将图 5-13(a)、图 5-13(b)和图 5-13(c)组合,这样就绘制好了,如图 5-13(d)所示。把绘制好的树叶(见图 5-13(e))有序地排列在如图 5-13(d)所示的图形上(复制树叶可采用拖动单击右键的方法,也可以选择"编辑"→"复制"\"粘贴"命令)。至此,就绘制好了一幅精美的插图,如图 5-13(g)所示。

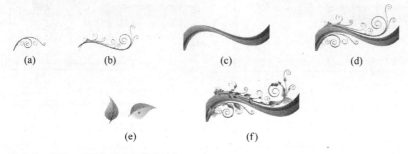

| (a) | (b) | (c) | (d) |

| (e) | (f) |

图 5-13　树枝、树干和树叶各造型组合

5.2　案例二:精美插图设计(旋律)

精美插图设计效果(旋律)如图 5-14 所示。

5.2.1　插图设计使用工具及其设计主题组件

1. 主要使用的工具及菜单命令

(1)主要使用的工具有:挑选工具、形状工具、矩形工具、手绘工具、轮廓工具、交互式变形工具、交互式调和

图 5-14　精美插图设计效果(旋律)

工具、填充工具(均匀填充、渐变填充)、扭曲变形工具、轮廓颜色工具等。

(2) 主要使用的菜单命令有:

① "排列"→"转换为曲线"。

② "排列"→"造型"(修剪、焊接、相交)。

③ "排列"→"群组"。

④ "排列"→"取消群组"。

⑤ "排列"→"顺序"。"顺序"命令又包括:

- 到页前面、到页后面;
- 到图层前面、到图层后面、向前一层、向后一层;
- 置于此对象前、置于此对象后。

2. 设计主题组件分析

精美插图设计主题主要组件由吉他主体部分、琴弦部分、螺旋线部分组成。

5.2.2 插图设计制作过程

(1) 在工具箱中选取椭圆工具▢绘制一个椭圆,如图 5-15(a)所示,并转换为曲线(执行"排列"→"转换为曲线"命令)。用形状工具▢通过增加或者删除节点依次编辑成如图 5-15(b)所示的形状,进一步修改后就会得到如图 5-15(c)所示形状。在工具箱中选取填充工具▢中的"均匀填充",弹出"均匀填充"对话框,如图 5-15(i)所示,填充为粉红色(参数为 C：0、M：100、Y：0、K：0),如图 5-15(d)所示。

在工具箱中选取矩形工具▢绘制一个矩形,同时旋转 42°,如图 5-15(e)所示。将如图 5-15(c)所示图形复制一个,并与图 5-15(e)所示图形组合,如图 5-15(f)所示。执行"排列"→"造型"命令,弹出"造型"泊坞窗口,如图 5-15(k)所示。用此命令可以得到很多图形,除"修剪"命令外,它里边还有"焊接"、"简化"、"相交"等,可根据自己想要的形状选择不同的命令,都可以通过下面的操作得以实现。要想得到如图 5-15(h)所示图形,就必须将如图 5-15(c)所示图形的多余部分去掉。使绘制的矩形处于选中状态,这个矩形也是后面提到的"来源对象",在图 5-15(k)中选择"修剪"选项,同时选中"来源对象"和"目标对象"复选框,单击"修剪"按钮,当鼠标处于修剪状态▊ 时,单击被修剪部分,也就是所勾选的"目标对象",这样就可以得到如图 5-15(g)所示图形,用上面的方法平移到图 5-15(g)中,想要的形状就轻松地绘制好了,如图 5-15(h)所示,同时填充为褐色(参数为 C：67、M：71、Y：64、K：12),完成后单击"确定"按钮,如图 5-15(j)所示。

将图 5-15(h)所示图形复制一个,如图 5-16(a)所示,并转换为曲线(执行"排列"→"转换为曲线"命令)。用形状工具▢通过增加或者删除节点依次编辑成如图 5-16(b)所示的形状,进一步修改后就会得到如图 5-16(c)所示图形。在工具箱中选取填充工具▢中的"均匀填充",弹出"均匀填充"对话框,如图 5-15(l)所示,填充为浅灰色(参数为 C：6、M：8、Y：2、K：0,),如图 5-16(d)所示。

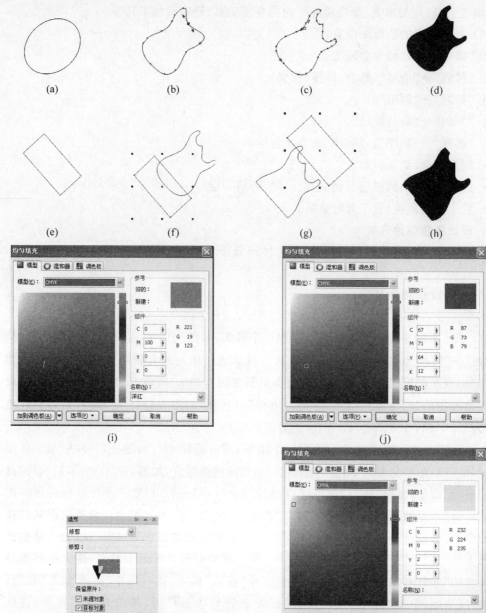

图 5-15 吉他主题部分轮廓绘制、填色 (一)

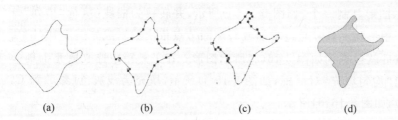

图 5-16 吉他主题部分轮廓绘制、填色 (二)

在工具箱中选取椭圆工具◎绘制一个椭圆，如图 5-17(a)所示，并转换为曲线(执行"排列"→"转换为曲线"命令)。用形状工具◎通过增加或者删除节点依次编辑成如图 5-17(b)所示的形状。将如图 5-17(b)所示图形复制一个并等比例放大，就得到如图 5-17(c)所示形状(在等比例缩放时要配合 Shift 键)。将图 5-17(b)和图 5-17(c)组合，如图 5-18(a)所示。在工具箱中选取填充工具◎中的"均匀填充"，分别填充为白色和粉红色(参数为 C：0、M：100、Y：0、K：0)，完成后单击"确定"按钮，如图 5-18(b)所示。

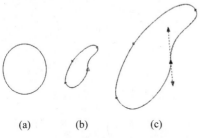
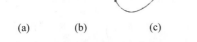

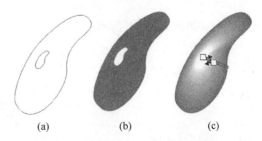

图 5-17　吉他主题部分局部轮廓绘制（一）　　　　图 5-18　吉他主题部分局部填色、交互调和（一）

选择交互式调和工具◎，将被选中的一个对象拖到另一个对象(这里"交互式调和"是指两个对象之间的调和)，同时在工具属性栏设置步长参数为 50。步长的参数决定两种颜色之间的过渡层次，参数越大，过度的层次越多，过度就越自然，可以根据自己的需要进行调整，这样就得到了如图 5-18(c)所示图形。

在工具箱中选取椭圆工具◎绘制一个椭圆，如图 5-19(a)所示，并转换为曲线(执行"排列"→"转换为曲线"命令)。用形状工具◎通过增加或者删除节点依次编辑成图 5-19(b)所示的形状。将图 5-19(b)所示图形复制一个并等比例放大，就得到了如图 5-19(c)所示图形(在等比例缩放时要配合 Shift 键)。将图 5-19(b)和图 5-19(c)组合，如图 5-20(a)所示。在工具箱中选取填充工具◎中的"均匀填充"，分别填充为白色和粉红色(参数为 C：0、M：100、Y：0、K：0)，完成后单击"确定"按钮，如图 5-20(b)所示。

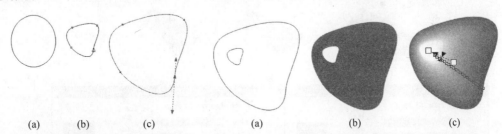

图 5-19　吉他主题部分局部轮廓绘制（二）　　　　图 5-20　吉他主题部分局部填色、交互调和（二）

选择交互式调和工具◎，将被选中的一个对象拖到另一个对象，同时在工具属性栏设置步长参数为 50，这样就得到了图 5-20(c)所示图形。

将图 5-21(a)、图 5-21(b)、图 5-21(c)、图 5-21(d)和图 5-21(e)按照适当的比例组合(组合时要配合 Shift 键等比例缩放)，如图 5-21(f)所示，吉他主体部分就绘制好了。

(2) 在工具箱中选取矩形工具◎绘制一个矩形，如图 5-22(a)所示，并转换为曲线(执行"排列"→"转换为曲线"命令)，同时旋转 310°，如图 5-22(b)所示。用形状工具◎通过拖动节点或增加、删除节点的方法依次编辑成如图 5-22(c)所示的形状，进一步修改后就

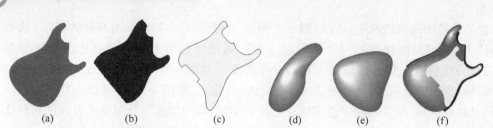

图 5-21　吉他主题部分各组件组合效果

绘制好了，如图 5-22(d)所示。

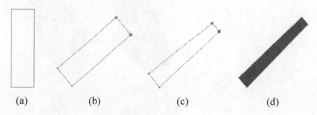

图 5-22　琴弦部分局部轮廓绘制（一）

在工具箱中选取矩形工具▢绘制一个矩形，如图 5-23(a)所示，并转换为曲线（执行"排列"→"转换为曲线"命令），同时旋转 345°，如图 5-23(b)所示。用形状工具◣通过拖动节点或增加、删除节点的方法依次编辑成如图 5-23(c)和图 5-23(d)所示的形状，进一步修改后就绘制好了，如图 5-23(e)所示，同时复制一个，分别填充颜色。在工具箱中选

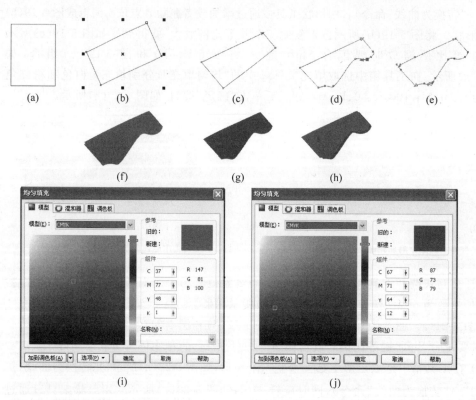

图 5-23　琴弦部分局部轮廓绘制、填色（一）

取填充工具 中的"均匀填充",弹出"均匀填充"对话框,如图 5-23(i)所示,参数为 C：37、M：77、Y：48、K：1,参数设置完成后,单击"确定"按钮,如图 5-23(f)所示;弹出"均匀填充"对话框,如图 5-23(j)所示,参数为 C：67、M：71、Y：64、K：12,参数设置完成后,单击"确定"按钮,如图 5-23(g)所示。将图 5-23(f)和图 5-23(g)组合,就得到如图 5-23(h)所示图形。

(3) 在工具箱中选取椭圆和矩形工具 和 绘制一个椭圆和矩形组合,如图 5-24(a)所示,分别填充颜色为黑色和灰色。在工具箱中选取填充工具 中的"均匀填充",弹出"均匀填充"对话框,如图 5-24(d)和图 5-24(e)所示,圆的参数为 C：0、M：0、Y：0、K：100,矩形的参数为 C：0、M：0、Y：0、K：44,完成后单击"确定"按钮,如图 5-24(b)所示,同时将其选中并旋转 345°,如图 5-24(c)所示,执行"排列"→"群组"命令。

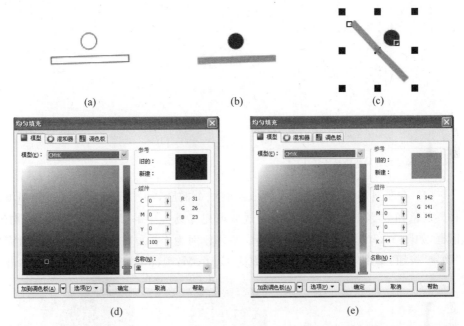

图 5-24 琴弦部分局部轮廓绘制、填色(二)

将如图 5-24(c)所示图形向上平行移动到合适的位置单击一下鼠标右键,释放后就会看到又复制了一个如图 5-24(c)所示图形,紧接着按 Ctrl+D 组合键(连续操作 29 次),就会出现如图 5-25(a)所示的效果,这样复制的效果既保证了与原图的平行,还保证了被复制的每一个形之间的间距是等距的,特别是复制的量多的时候会经常使用,此项操作可以帮助我们完成很多效果,应该熟练掌握。

将图案全部选中,执行"排列"→"取消群组"命令,如图 5-25(b)所示。将部分的组件删除(按 Delete 键),也可以配合 Shift 键,将不需要删除的部分释放,把需要删除的部分一次删除,如图 5-25(c)所示。通过进一步的调整,就绘制好了想要的效果,如图 5-25(d)所示。

通过上面操作的学习,再来绘制琴弦就很容易了。用贝塞尔曲线工具 绘制一条直线并旋转 348.1°,如图 5-26(a)所示。将如图 5-26(a)所示图形向上平行移动到合适的位置,单击一下鼠标右键,释放后就会看到又复制了一个如图 5-26(a)所示图形,紧接着按

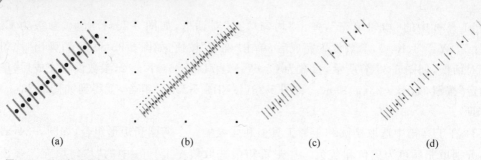

(a)   (b)   (c)   (d)

图 5-25　琴弦部分局部轮廓绘制、填色（三）

Ctrl＋D 组合键（连续操作 3 次），就会出现图 5-26(b)所示的效果，将图 5-26(c)中的每根斜线逐一拉长，如图 5-26(d)所示。

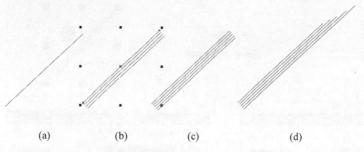

(a)   (b)   (c)   (d)

图 5-26　琴弦部分局部轮廓绘制（二）

（4）在工具箱中选取椭圆工具◯绘制一个椭圆，如图 5-27(a)所示，分别填充颜色为 40％灰色和 80％灰色。在工具箱中选取填充工具◆中的"均匀填充"，弹出"均匀填充"对话框，如图 5-27(d)和图 5-27(e)所示，参数分别为 C：0、M：0、Y：0、K：40，完成后单击"确定"按钮，如图 5-27(b)所示；参数为 C：0、M：0、Y：0、K：80，完成后单击"确定"按

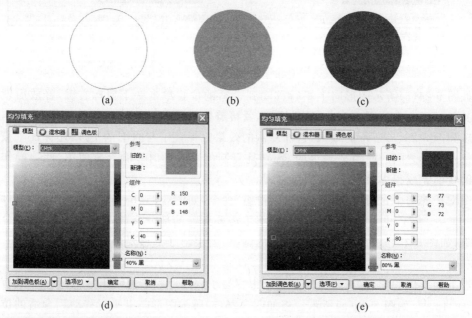

(a)   (b)   (c)

(d)   (e)

图 5-27　吉他修饰轮廓绘制、填色（一）

钮,如图 5-27(c)所示。

再复制一个图 5-27(a)所示图形(复制可采用拖动加单击右键的方法,也可以选择"编辑"→"复制"/"粘贴"命令),在工具箱中选取填充工具 中的"渐变填充",弹出"渐变填充"对话框,如图 5-28(b)所示,具体的参数为"类型:射线,水平:-8,垂直:6,边界:0",完成后单击"确定"按钮,得到一个圆球体,如图 5-28(a)所示。

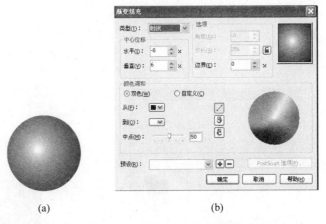

    (a)   (b)

图 5-28 吉他修饰轮廓绘制、填色(二)

将图 5-27(b)和图 5-27(c)错位组合,再与图 5-28(a)组合,如图 5-29(a)所示。将图 5-29(a)分别排列在图 5-21(f)和图 5-23(h)上,就分别绘制好了吉他主体部分(见图 5-29(b))和琴弦顶头部分(见图 5-29(c))。

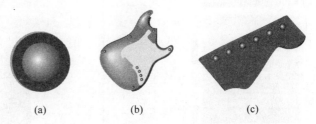

    (a)   (b)   (c)

图 5-29 吉他主题部分与修饰组件组合

(5) 在工具箱中选取矩形工具 绘制一个矩形,如图 5-30(a)所示,选中后,切换到形状工具 ,将 4 个边角圆滑度设置为 100,就可以得到图 5-30(b)所示图形,旋转 315°,如图 5-30(c)所示。

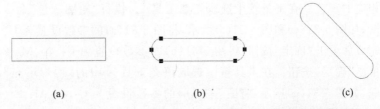

    (a)   (b)   (c)

图 5-30 吉他修饰轮廓绘制(一)

在工具箱中选取椭圆工具 绘制一个正圆,依次排列成如图 5-31(a)所示的效果。

选中刚才绘制好的图 5-31(a)和图 5-30(c)，重新设置轮廓的宽度。在工具箱中选取轮廓工具 📝，执行"轮廓笔"命令，弹出"轮廓笔"对话框，如图 5-31(d)所示，将宽度设置为 24.26 毫米，默认颜色为黑色，完成后单击"确定"按钮，就得到如图 5-31(a)和图 5-31(b)所示图形。

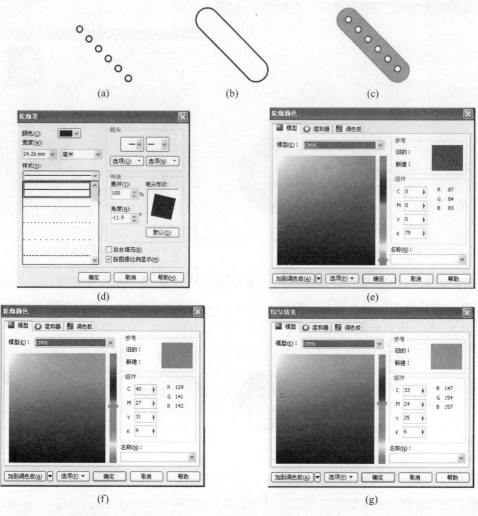

图 5-31 吉他修饰轮廓绘制、填色（三）

把图 5-31(a)和图 5-31(b)组合，分别将图 5-31(a)和图 5-31(b)中的轮廓颜色更换为相应的灰色。在工具箱中选取轮廓工具 📝，执行"轮廓颜色"命令，弹出"轮廓颜色"对话框，如图 5-31(e)和图 5-31(f)所示，将图 5-31(a)的参数设置为 C：0、M：0、Y：0、K：75，完成后单击"确定"按钮；将图 5-31(b)的参数设置为 C：40、M：27、Y：31、K：9，完成后单击"确定"按钮。在工具箱中选取填充工具 🖌 中的"均匀填充"，弹出"均匀填充"对话框，如图 5-31(g)所示，将图 5-31(b)的参数设置为 C：33、M：24、Y：25、K：6，完成后单击"确定"按钮，如图 5-31(c)所示。

（6）在工具箱中选取椭圆工具 ⬭ 绘制一个椭圆，如图 5-32(a)所示。同时复制一个如图 5-30(c)所示图形并旋转 292°，如图 5-32(b)所示。按适当的比例组合成如图 5-32(c)

所示的样子。

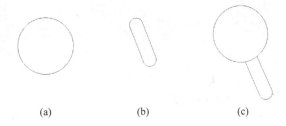

(a)　　　　　(b)　　　　　(c)

图 5-32　吉他修饰轮廓绘制（二）

将如图 5-32(c)所示图形全部选中，执行"菜单"→"排列"→"群组"命令，并复制一个。在工具箱中选取填充工具 中的"均匀填充"，弹出"均匀填充"对话框，如图 5-33(d)和图 5-33(e)所示，一个参数为 C：33、M：24、Y：25、K：6，完成后单击"确定"按钮；另一个参数为 C：0、M：0、Y：0、K：80，完成后单击"确定"按钮。这样就绘制好了如图 5-33(a)和图 5-33(b)所示图形。将其错位组合成如图 5-33(c)所示图形。

注意：错位组合的目的是为了能产生立体感的效果。

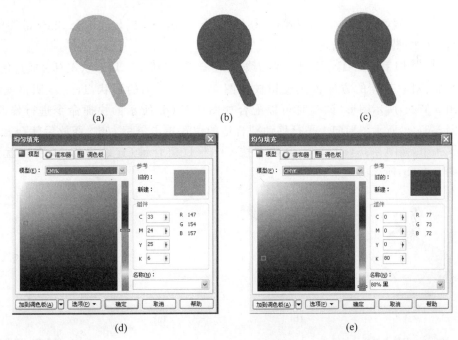

(a)　　　　　　　　(b)　　　　　　　　(c)

(d)　　　　　　　　　　　　(e)

图 5-33　吉他修饰轮廓填色

(7) 因为已经绘制好所有的组件，只要将所有的组件按照一定的比例组合起来。将绘制好的如图 5-34(a)所示组件和如图 5-34(b)所示组件组合，具体的方法是：将如图 5-34(a)所示图形复制 6 组，每一组和图 5-34(b)上面的"圆锭"相对应，依次排列即可，完成后如图 5-34(c)所示。

将图 5-35(a)、图 5-35(b)、图 5-35(c)和图 5-35(d)组合（组合时要配合 Shift 键等比例缩放），就得到了如图 5-35(f)所示图形。将图 5-35(d)和图 5-35(f)组合，琴弦部分就绘制好了，如图 5-35(g)所示。

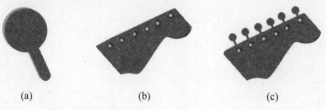

图 5-34　吉他修饰组件组合

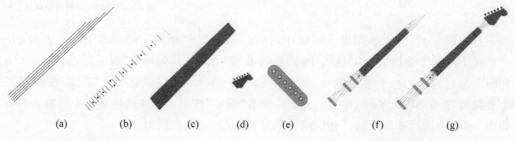

图 5-35　琴弦各组件组合

　　将绘制好的图 5-36(a)和图 5-36(b)组合,在组合的时候要配合 Shift 键等比例缩放,组合后如图 5-39(a)所示。

　　(8) 用手绘工具 绘制一条曲线,如图 5-37(a)所示。用形状工具 通过拖动节点或增加、删除节点的方法依次编辑成如图 5-37(b)所示的形状,进一步调整就得到了如图 5-37(c)所示图形(调整时可以配合如图 5-38(d)所示的快捷命令进行修改)。将如图 5-37(c)所示图形向上平行移动到合适的位置单击鼠标右键,释放后就会看到又复制了一个,如图 5-38(a)所示,紧接着按 Ctrl+D 组合键(连续操作 14 次),就会出现如图 5-38(b)所示的效果。

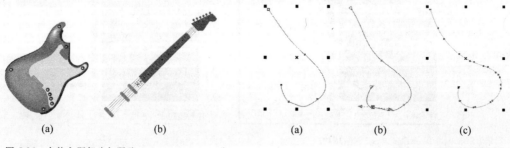

图 5-36　吉他主题部分与琴弦　　　　　　　　　　　图 5-37　螺旋线造型绘制

　　将如图 5-38(b)所示图形使用挑选工具全部选中,在工具箱中选取交互式变形工具 ,如图 5-38(e)所示,接着在工具属性栏中选择“扭曲变形”工具 ,相关的参数为(“完全旋转角度”为 0;“附加角度”为 212)。至此,就绘制好了漂亮的螺旋纹,如图 5-38(c)所示。

　　所有的组件绘制组合完成后,将如图 5-39(a)所示吉他与如图 5-39(b)所示螺旋纹按比例组合(组合时要配合 Shift 键等比例缩放),如图 5-39(c)所示。

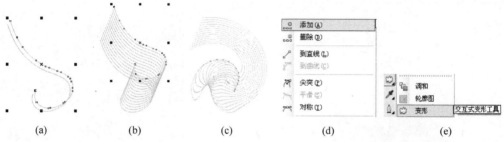

(a)　　　　　　(b)　　　　　　(c)　　　　　　(d)　　　　　　(e)

图 5-38　螺旋线造型绘制与交互式变形工具使用

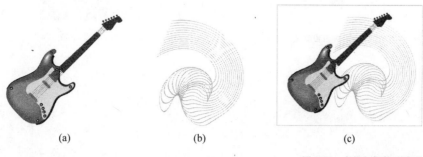

(a)　　　　　　　　　　(b)　　　　　　　　　　(c)

图 5-39　吉他与螺旋线造型

5.3　自学案例

掌握以上包装设计的方法,可以解决不同类型、不同造型、不同图形的包装以及包装效果图设计。

5.3.1　花卉元素插图设计

花卉元素插图设计效果如图 5-40 所示。

5.3.2　抽象元素插图设计

抽象元素插图设计效果如图 5-41 所示。

5.3.3　传统元素插图设计

传统元素插图设计效果如图 5-42 所示。

5.3.4　现代元素插图设计

现代元素插图设计效果如图 5-43 所示。

图 5-40　花卉元素插图设计效果

图 5-41　抽象元素插图设计效果

图 5-42　传统元素插图设计效果

图 5-43　现代元素插图设计效果

小结

　　本章通过绘制插图,重点掌握并熟练应用"形状"、"手绘"、"均匀填充"、"渐变填充"、"交互式变形"、"交互式调和"、"交互式阴影"、"轮廓"等工具,以及"群组"(取消群组)、"扭曲变形"、"造型"(修剪、焊接、相交)等相关命令。如果认真按照本书章节顺序进行学习,就会发现对 CorelDRAW X5 软件的掌握是非常容易的。掌握几个重要的工具,熟悉"排列"菜单下面的所有命令,图形的绘制和造型产品的绘制就很容易。

第6章　包装设计

6.1　案例一：包装效果图设计

包装效果图设计如图 6-1 所示。

6.1.1　系列包装效果图设计使用工具及其设计主题组件

图 6-1　包装效果图设计

1. 主要使用的工具及菜单命令

（1）主要使用的工具有：挑选工具、形状工具、矩形工具、交互式透明工具、水平镜像工具、垂直镜像工具、填充工具（均匀填充、渐变填充、图样填充）、文字工具、网状填充工具等。

（2）主要使用的菜单命令有：

① "排列"→"转换为曲线"。

② "编辑"→"复制"/"粘贴"。

③ "排列"→"群组"。

④ "排列"→"取消群组"。

⑤ "排列"→"添加透视"。

⑥ "排列"→"顺序"。"顺序"命令又包括：

- 到页前面、到页后面；
- 到图层前面、到图层后面、向前一层、向后一层；
- 置于此对象前、置于此对象后。

2. 设计主题组件分析

包装效果图设计主题主要有：包装主展示面和侧面图形、包装主展示面和侧面添加的透视效果、文字部分等。

6.1.2　系列包装效果图设计过程

1. 包装效果图案例（一）

包装效果图案例（一）如图 6-2 所示。

图 6-2　包装效果图案例（一）

（1）在工具箱中选取矩形工具▣绘制一个矩形，如图 6-3(a)所示，并转换为曲线（执行"排列"→"转换为曲线"命令）。用形状工具▸通过增加或者删除节点的方法编辑成想要的形状，这里需要在几个决定形状的地方增加两个节点，如图 6-3(b)和图 6-3(c)所示，通过进一步编辑节点或拖动节点上的调节杆依次编辑成如图 6-3(d)所示的形状。选中要编辑的节点，如图 6-3(d)所示，单击鼠标右键，从弹出的快捷菜单中选择"到曲线"命令，执行结束后将两个节点删除，

单击鼠标右键，从弹出的快捷菜单中选择"删除"命令（也可以直接按 Delete 键），通过移动调节杆进一步修改后就轻松地获得了想要的形状，如图 6-3(e)、图 6-3(f)和图 6-3(g)所示。

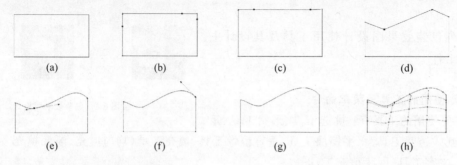

图 6-3　包装主展示面图形轮廓绘制

（2）选中图 6-3(g)，在工具箱中选取"交互式网状填充工具"，在工具属性栏里将"网格大小"参数设置为 4，如图 6-3(h)所示。把图 6-4(a)中选中的节点稍做调整，并按节点不同的位置选取不同的颜色，填充成图 6-4(b)所示的样子。这样就轻松地得到了图 6-4(c)所示的效果。

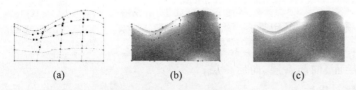

图 6-4　包装主展示面图形使用"网状工具"填色

将图 6-4(c)所示图形复制一个，先执行"水平镜像"命令▣，如图 6-5(a)所示，再执行"垂直镜像"命令▣，如图 6-5(b)所示，将其"高"进行挤压就得到如图 6-5(c)和图 6-5(d)所示图形，至此图 6-2 中的主要图形就绘制好了。

在工具箱中选取矩形工具▣绘制一个矩形，宽为 90mm，高为 111mm，如图 6-6(a)所示。将绘制好的图形如图 6-4(c)和图 6-5(d)所示，置入绘制好的矩形中，宽度与矩形的宽度一致，高度可以根据需要调节，组合好后如图 6-6(b)所示。

从工具箱中选取文本工具字，输入 SAMPLETEXT，组合成如图 6-6(c)所示的样

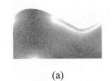 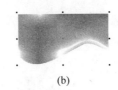 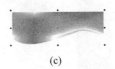 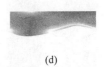

(a)　　　　　　　(b)　　　　　　　(c)　　　　　　　(d)

图 6-5　包装主展示面图形造型调整

子,并填充为红色后放入图 6-6(b)中视觉中心的位置,这样就绘制好了图 6-2 中的一个主展示面,如图 6-6(c)所示。

(a)　　　　　　　(b)　　　　　　　(c)

图 6-6　包装主展示面图形版式

在工具箱中选取矩形工具▢绘制一个矩形,宽为 30mm,高为 111mm,如图 6-7(a)所示,并使用填充工具✎中的"均匀填充",填充为红色(参数为 C：0、M：100、Y：100、K：0),完成后单击"确定"按钮,如图 6-7(b)所示。

(a)　　　(b)　　　(c)　　　(d)　　　(e)　　　　(f)

图 6-7　包装主展示面与侧面

从工具箱中选取文本工具字,输入 SAMPLETEXT,顺时针旋转 90°,并填充为白色后放入图 6-7(b)的中间位置,这样就绘制好了图 6-2 中的一个侧面,如图 6-7(c)所示。把图 6-7(d)和图 6-7(e)组合,如图 6-7(f)所示。

(3) 绘制透视效果,绘制好后将其组合,具体的方法如下：

将图 6-8(a)所示图形选中后,执行"排列"→"结合"/"群组"命令,执行"效果"→"添加透视"命令,如图 6-8(b)所示,根据自己想要的透视效果调节节点,调节至图 6-8(c)所示。

注意：在执行"添加透视"命令时,如果被选图形是由多个个体组成,一定将其执行"群组"命令后再执行此命令。

将如图 6-8(d)所示图形选中后,执行"效果"→"添加透视"命令,如图 6-8(e)所示,根据自己想要的透视效果调节节点,调节至如图 6-8(f)所示形状。

将图 6-9(a)和图 6-9(b)组合,图 6-2 中的盒体部分就完全做好了,如图 6-9(c)所示。

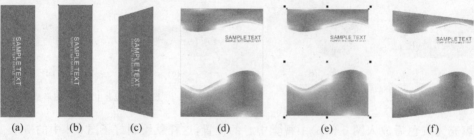

图 6-8　包装主展示面与侧面透视效果

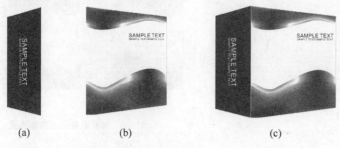

图 6-9　包装主展示面与侧面透视效果组合

在工具箱中选取矩形工具▢分别绘制两个矩形，宽为 200mm，高为 200mm 和宽为 200mm，高为 60mm，如图 6-10(a)中的(1)和(2)所示，并使用填充工具◆中的"渐变填充"将图 6-10(a)中的(1)填充为图 6-10(b)中(1)所示的样子，将参数设置为如图 6-10(c)所示，具

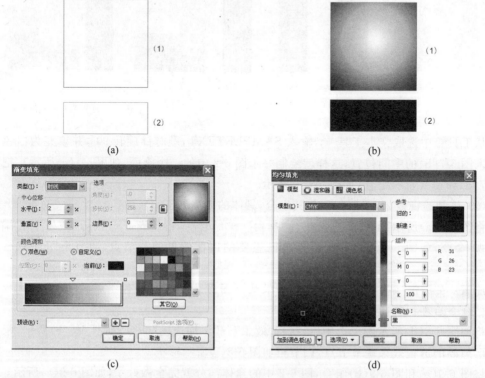

图 6-10　绘制背景、填色

体的参数为"类型：射线，水平：2，垂直：8，边界：0"，完成后单击"确定"按钮；使用填充工具 中的"均匀填充"将图 6-10(a)中的(2)填充为黑色，参数设置如图 6-37(d)所示(参数为 C：0，M：0，Y：0，K：100)，完成后单击"确定"按钮，如图 6-10(b)中(2)所示的样子。

将图 6-10(b)中的(1)和(2)组合，如图 6-11(a)所示，再将图 6-9(c)组合在图 6-11(a)中，包装立体效果图就做好了，如图 6-11(b)所示。

2. 包装效果图案例(二)

包装效果案例(二)如图 6-12 所示。

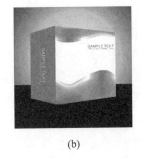

(a) (b)

图 6-11 包装立体效果与背景组合

图 6-12 包装效果图案例 (二)

(1) 在工具箱中选取矩形工具 绘制一个矩形，如图 6-13(a)所示，并转换为曲线(执行"排列"→"转换为曲线"命令)。用形状工具 通过增加或者删除节点的方法编辑成想要的形状，这里需要在几个决定形状的地方增加 4 个节点，如图 6-13(b)所示，通过进一步编辑节点或拖动节点上的调节杆依次编辑成如图 6-13(c)所示的形状。选中要编辑的节点，如图 6-13(d)所示，单击鼠标右键，从弹出的快捷菜单中选择"到曲线"命令，执行结束后将 4 个节点删除，单击鼠标右键，从弹出的快捷菜单中选择"删除"命令(也可以直接按 Delete 键)，通过调节杆进一步修改后就轻松地获得了想要的形状，如图 6-13(e)所示。

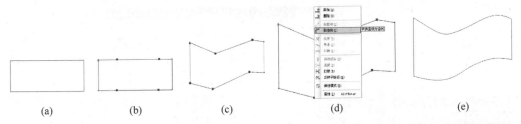

(a) (b) (c) (d) (e)

图 6-13 包装主展示面图形轮廓绘制

(2) 掌握图 6-13(e)中的图形绘制方法。在工具箱中选取矩形工具 绘制一个正方形，如图 6-14(a)所示，切换到形状工具 ，向正方形中心方向拖动，就会得到如图 6-14(b)所示图形，并将其复制排列成如图 6-14(c)所示的样子。把如图 6-14(c)所示图形整体平行移动合适的距离后复制一个，如图 6-14(d)所示。复制时将图形移动合适的距离后直接单击一下鼠标右键即可，紧接着按 Ctrl+D 组合键，便可以直接绘制出如图 6-14(e)所示的样子，并使用填充工具 中的"均匀填充"填上自己喜欢的颜色，如图 6-14(f)所示。

将图 6-14(f)存储成一个位图格式的 JPG 文件。存储位图格式的 JPG 文件时，直接使用"JPG 批量导出"命令 ，如图 6-15(b)所示。

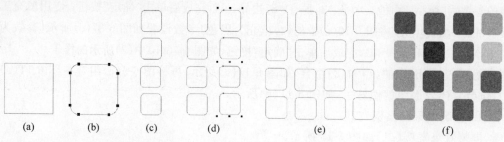

(a) (b) (c) (d) (e) (f)

图 6-14　包装主展示面图形局部绘制

（3）将绘制好的如图 6-15(a)所示图形选中，在工具箱中选取填充工具 ，执行"图样填充"命令，弹出"图样填充"对话框，如图 6-15(d)所示，具体参数：选择"位图"单选按钮；单击"装入"按钮，弹出"导入"对话框，选择在第(2)步存储好的位图格式的 JPG 文件，如图 6-15(e)所示，完成后单击"导入"按钮，这样想置入的图形就出现在了"图样填充"对话框中，如图 6-15(d)所示。

大小：宽度为 50mm，高度为 50mm。

行或列的位移：选择"行"单选按钮。

其余参数都默认为 0。

完成后单击"确定"按钮，这样就得到了想要的图形，如图 6-15(c)所示。

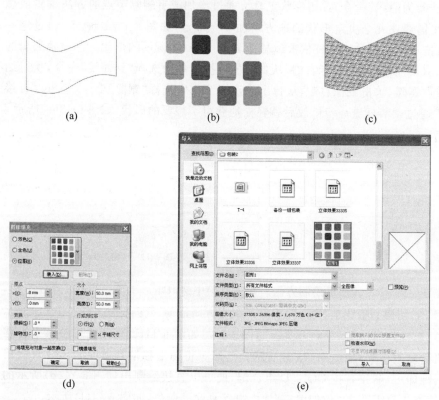

(a)   (b)   (c)

(d)   (e)

图 6-15　使用"图样填充"

（4）在工具箱中选取矩形工具 绘制一个矩形，宽为 30mm，高为 111mm，如图 6-16(a)

所示,并使用填充工具 ✎ 中的"均匀填充"填充为灰色,如图 6-16(d)所示(参数为 C:0、M:0、Y:0、K:58),完成后单击"确定"按钮,如图 6-16(b)所示。

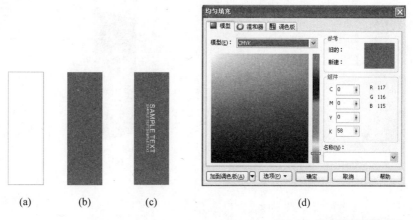

(a)　　　　(b)　　　　(c)　　　　　　　　　　　(d)

图 6-16 包装侧面造型、填色

从工具箱中选取文本工具 字,输入 SAMPLETEXT,顺时针旋转 90°,并填充为白色后放入图 6-16(b)的中间位置,这样就绘制好了图 6-12 中的一个侧面,如图 6-16(c)所示。

在工具箱中选取矩形工具 □ 绘制一个矩形,宽为 90mm,高为 111mm,如图 6-17(a)所示,将绘制好的图形(如图 6-17(b)所示)置入绘制好的矩形中,宽度与矩形的宽度一致,高度可以根据需要调节,组合好后如图 6-17(c)所示。

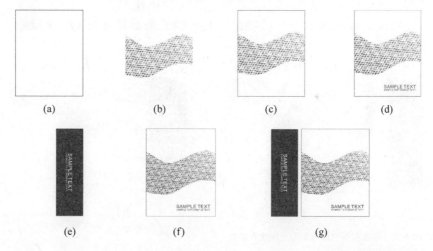

(a)　　　　　(b)　　　　　(c)　　　　　(d)

(e)　　　　　(f)　　　　　(g)

图 6-17 包装主展示面与侧面组合

从工具箱中选取文本工具 字,输入 SAMPLETEXT,组合成图 6-17(d)中的样子,并填充为灰色(参数如图 6-16(d)所示),放入图 6-17(a)中的右下角位置,这样就绘制好了图 6-12 中的一个主展示面,如图 6-17 所示。把图 6-17(e)和图 6-17(f)组合,如图 6-17(g)所示。

(5)绘制透视效果,绘制好后将其组合,具体的方法如下:

将图 6-18(a)选中后,执行"排列"→"结合"/"群组"命令,执行"效果"→"添加透视"

命令,如图 6-18(b)所示,根据自己想要的透视效果调节节点,调节至如图 6-18(c)所示样子。

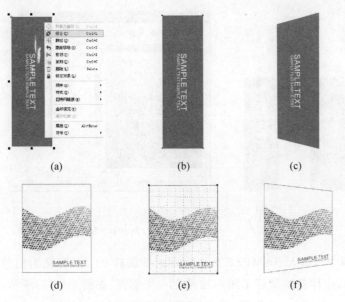

图 6-18　包装主展示面与侧面添加透视效果

将图 6-18(d)选中后,执行"效果"→"添加透视"命令,如图 6-18(e)所示,根据自己想要的透视效果调节节点,调节至如图 6-18(f)所示样子。

将图 6-19(a)和图 6-19(b)组合,图 6-12 中的盒体部分就完全做好了,如图 6-19(c)所示。

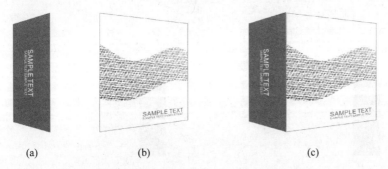

图 6-19　包装主展示面与侧面立体效果组合

在工具箱中选取矩形工具□分别绘制两个矩形,一个宽为 200mm,高为 200mm,另一个宽为 200mm,高为 60mm,如图 6-20(a)中的(1)和(2)所示,并使用填充工具◇中的"渐变填充"将图 6-20(a)中的(1)填充为图 6-20(b)中(1)所示的样子,将参数设置为图 6-20(c)所示,具体的参数为(类型:射线,水平:2,垂直:8,边界:0),完成后单击"确定"按钮;使用填充工具◇中的"均匀填充"将图 6-20(a)中的(2)填充为白色,如图 6-20(d)所示(参数为 C:0、M:0、Y:0、K:0),完成后单击"确定"按钮,如图 6-20(b)中(2)所示的样子。

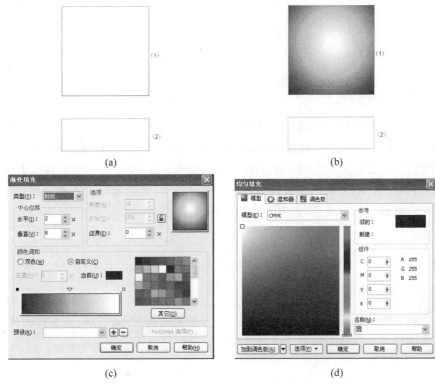

图 6-20　绘制背景

　　将图 6-20(b)中的(1)和(2)组合,如图 6-21(a)所示,再将图 6-21(b)组合在图 6-21 中,包装立体效果图就做好了,如图 6-21(c)所示。

图 6-21　包装立体效果与背景组合

3. 包装效果图案例(三)

　　包装效果图案例(三)如图 6-22 所示。

　　(1) 图 6-22 中主展示面中的图形绘制方法是:首先,在工具箱中选取矩形工具□绘制一个矩形,如图 6-23(a)所示,切换到形状工具,向正方形中心方向拖动,就会得到如图 6-23(b)所示的基本形,将如图 6-23(b)所示图形复制 10 个,分别编辑其大小、长短,依次排列成图 6-23(c)所示的样子。这样所绘制的主展示面中的第一部分图形就完成了。

图 6-22　包装效果图案例 (三)

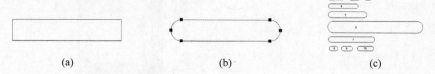

(a)   (b)   (c)

图 6-23　包装主展示面图形绘制（一）

　　绘制主展示面中的第二部分图形。首先，将如图 6-23(b)所示图形复制一个，并转换为曲线（执行"排列"→"转换为曲线"命令）。用形状工具 通过增加或者删除节点的方法编辑成想要的形状，通过进一步编辑节点或拖动节点上的调节杆依次编辑成如图 6-24(a)和图 6-24(b)所示的形状。通过调节杆进一步修改后，就绘制好了主展示面中的第二部分图形所需要的一个基本形，如图 6-24(c)所示。

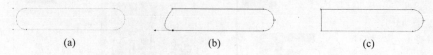

(a)   (b)   (c)

图 6-24　包装主展示面图形绘制（二）

　　将如图 6-24(c)所示图形复制 5 个，分别编辑其大小、长短，依次排列成如图 6-25(a)所示的样子。这样所绘制的主展示面中的第二部分图形就完成了。

(a)   (b)

图 6-25　包装主展示面图形绘制（三）

　　绘制主展示面中的第三部分图形。首先，将如图 6-25(a)所示图形复制一个，执行"水平镜像"命令 ，保留 3 个接近的基本形后，稍做调整就绘制好了，如图 6-25(b)所示。

　　将图 6-26(a)和图 6-26(b)和图 6-26(c)组合成如图 6-27(a)所示的样子（组合时注意比例关系），同时，每个基本形之间的叠加主要使用"顺序"命令，如图 6-27(b)所示（选择"排列"→"顺序"→"到图层前面"/"到图层后面"/"向前一层"/"向后一层"命令）。

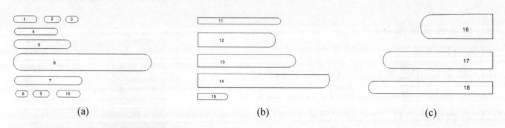

(a)   (b)   (c)

图 6-26　包装主展示面图形绘制（四）

　　给绘制好的图 6-27(a)填充颜色，完成后如图 6-28 所示。基本形上的数字是为了分辨图形不属于图形本身部分，填好颜色后将其删除即可。

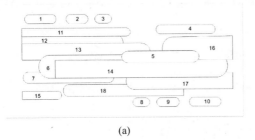
(a)

(b)

图 6-27 使用"顺序命令"调整图形层次

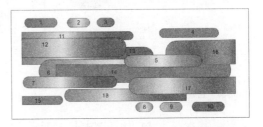

图 6-28 包装主展示面图形填色

- 基本形 1：选中基本形 1，在工具箱中选取填充工具 中的"渐变填充"命令，弹出 "渐变填充"对话框，如图 6-29(a)所示，参数设置为"类型：线性；选项：角度、边 界为'0'；颜色调和：选择'双色'单选按钮"，选取所需颜色，完成后单击"确定"按 钮，如图 6-28 中的 1 所示。

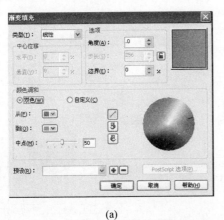
(a)

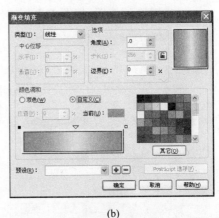
(b)

图 6-29 包装主展示面各组图形填色（一）

- 基本形 2、8：选中基本形 2、8，在工具箱中选取填充工具 中的"渐变填充"命令，弹出"渐变填充"对话框，如图 6-29(b)所示，参数设置为"类型：线性；选项：角度、边界为'0'；颜色调和：选择'自定义'单选按钮"，选取所需颜色，完成后单击"确定"按钮，如图 6-28 中的 2、8 所示。

- 基本形 3：选中基本形 3，在工具箱中选取填充工具 中的"渐变填充"命令，弹出"渐变填充"对话框，如图 6-30(a)所示，参数设置为"类型：线性；选项：角度、边界为'0'；颜色调和：选择'双色'单选按钮"，选取所需颜色，完成后单击"确定"按钮，如图 6-28 中的 3 所示。

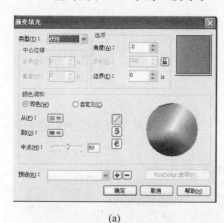

(a)

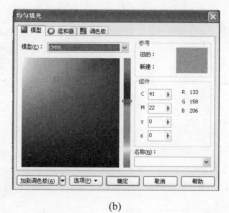

(b)

图 6-30 包装主展示面各组图形填色（二）

- 基本形 4、14、15：选中基本形 4、14、15，在工具箱中选取填充工具 中的"均匀填充"命令，弹出"均匀填充"对话框，如图 6-30(a)所示，参数分别为 C：41、M：22、Y：0、K：0，完成后单击"确定"按钮，如图 6-28 中的 4、14、15 所示。
- 基本形 5、6、7：选中基本形 5、6、7，在工具箱中选取填充工具 中的"渐变填充"命令，弹出"渐变填充"对话框，如图 6-31(a)所示，参数设置为"类型：线性；选项：角度、边界为'0'；颜色调和：选择'自定义'单选按钮"，选取所需颜色，完成后单击"确定"按钮，如图 6-28 中的 5、6、7 所示。

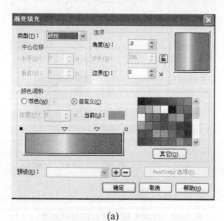

(a)

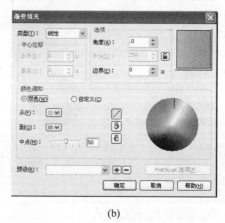

(b)

图 6-31 包装主展示面各组图形填色（三）

- 基本形 9：选中基本形 9，在工具箱中选取填充工具 中的"渐变填充"命令，弹出"渐变填充"对话框，如图 6-31(a)所示，参数设置为"类型：线性；选项：角度、边界为'0'；颜色调和：选择'双色'单选按钮"，选取所需颜色，完成后单击"确定"按钮，如图 6-28 中的 9 所示。
- 基本形 11、12、13、18：选中基本形 11、12、13、18，在工具箱中选取填充工具 中的"渐变填充"命令,弹出"渐变填充"对话框,如图6-32(a)所示,参数设置为"类型:线性;选项:角度、边界为'0';颜色调和:选择'自定义'单选按钮",选取所需颜色,完成后单击"确定"按钮,如图6-28中的11、12、13、18所示。

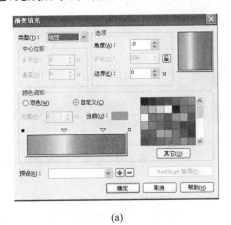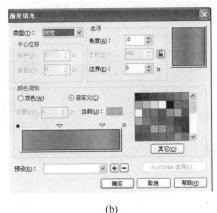

(a)   (b)

图6-32 包装主展示面各组图形填色(四)

- 基本形16、10:选中基本形16、10,在工具箱中选取填充工具 中的"渐变填充"命令,弹出"渐变填充"对话框,如图6-32(b)所示,参数设置为"类型:线性;选项:角度、边界为'0';颜色调和:选择'自定义'单选按钮",选取所需颜色,完成后单击"确定"按钮,如图6-28中的16、10所示。
- 基本形17:选中基本形17,在工具箱中选取填充工具 中的"渐变填充"命令,弹出"渐变填充"对话框,如图6-33(a)所示,参数设置为"类型:线性;选项:角度、边界为'0';颜色调和:选择'自定义'单选按钮",选取所需颜色,完成后单击"确定"按钮,如图6-28中的17所示。

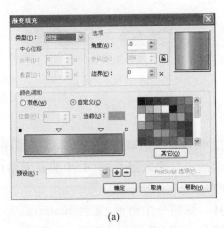

(a)   (b)

图6-33 将图形做"无轮廓"处理

将图6-28选中并群组(选择"排列"→"群组"命令),使用轮廓工具 ,如图6-33(b)所示,执行"无轮廓"命令,如图6-34所示。在工具箱中选取交互式透明工具 ,直接拖动鼠标就会出现如图6-35所示的效果。在绘制的图形中使用的是从左向右拖动,黑色方块的方向的长度决定透明程度,从白色方块到黑色方块的距离越长,透明的程度越小;从白色方块到黑色方块的距离越短,透明的程度越大。如果需要个别基本形的调整,可以执行"排列"→"取消群组"命令,选取想要调整的基本形进行细节的调整,如图 6-36 所示,完成后,所绘制的图形就绘制好了,如图 6-37 所示。

图 6-34 包装主展示面图形填色完成效果前

图 6-35 使用"交互式透明工具"调节透明度

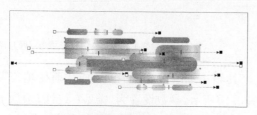

图 6-36 使用"交互式透明工具"微调透明度

图 6-37 包装主展示面图形填色完成效果后

(2) 在工具箱中选取矩形工具▢绘制一个矩形,宽为 90mm,高为 111mm,如图 6-38(a)所示。然后,将绘制好的图形(见图 6-38(b))置入绘制好的矩形中,宽度与矩形的宽度一致,高度可以根据需要调节,组合好后如图 6-38(c)所示。

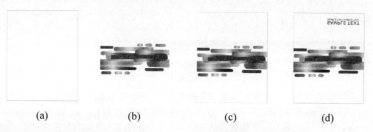

    (a)   (b)   (c)   (d)

图 6-38 包装主展示面图形版式

从工具箱中选取文本工具字,输入 SAMPLETEXT,组合成图 6-38(d)中的样子,并填充为灰色(参数如图 6-16(d)所示),放入图 6-38(d)中的右上角位置,这样就绘制好了图 6-22 中的一个主展示面,如图 6-38(d)所示。

在工具箱中选取矩形工具▢绘制一个矩形,宽为 30mm,高为 111mm,如图 6-39(a)所示,并使用填充工具 中的"均匀填充"填充为灰色,如图 6-16(d)所示(参数为 C:0、M:0、Y:0、K:58),完成后单击"确定"按钮,如图 6-39(b)所示。

从工具箱中选取文本工具字,输入 SAMPLETEXT,顺时针旋转 90°,并填充为白色后放入图 6-39(b)的中间位置,这样就绘制好了图 6-22 中的一个侧面,如图 6-39(c)所示。

把图 6-40(a)和图 6-40(b)组合,如图 6-40(c)所示。

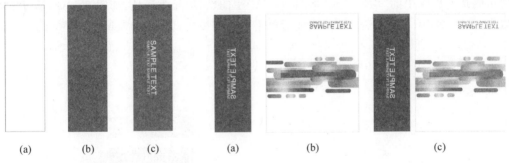

(a)   (b)   (c)   (a)   (b)   (c)

图 6-39 包装侧面造型   图 6-40 包装主展示面与侧面组合

（3）绘制透视效果,绘制好后将其组合,具体的方法如下：

将图 6-41(a)选中后,执行"排列"→"结合"/"群组"命令,执行"效果"→"添加透视"命令,如图 6-41(b)所示,根据自己想要的透视效果调节节点,调节至图 6-41(c)所示样子。

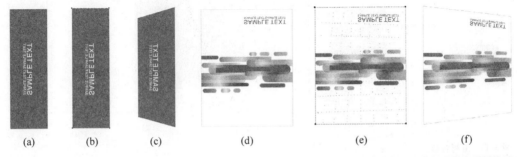

(a)   (b)   (c)   (d)   (e)   (f)

图 6-41 包装主展示面与侧面添加透视效果

将图 6-41(d)选中后,执行"效果"→"添加透视"命令,如图 6-41(e)所示,根据自己想要的透视效果调节节点,调节至图 6-41(f)所示样子。

将图 6-42(a)和图 6-42(b)组合,图 6-22 中的盒体部分就完全做好了,如图 6-42(c)所示。

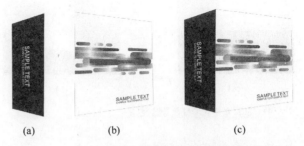

(a)   (b)   (c)

图 6-42 包装主展示面与侧面透视效果组合

在工具箱中选取矩形工具 □ 分别绘制两个矩形,一个宽为 200mm,高为 200mm,另一个宽为 200mm,高为 60mm,如图 6-43(a)中的(1)和(2)所示,并使用填充工具 ◈ 中的"渐变填充"将图 6-43(a)中的(1)填充为图 6-43(b)中(1)所示的样子,将参数设置为图 6-43(c)所示,具体的参数为"类型：射线,水平：2,垂直：8,边界：0",完成后单击"确定"按钮；

使用填充工具 ✍ 中的"均匀填充"将图 6-43(a)中的(2)填充为黑色,如图 6-43(c)所示(参数为 C:0、M:0、Y:0、K:100),完成后单击"确定"按钮,如图 6-43(b)中(2)所示。

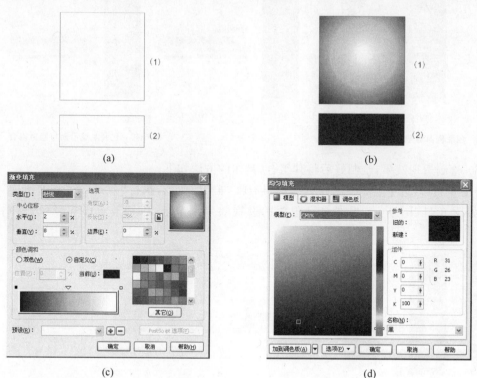

图 6-43 绘制背景

将图 6-43(b)中的(1)和(2)组合,如图 6-44(a)所示,再将图 6-42(c)组合在图 6-44(a)中,包装立体效果图就做好了,如图 6-44(b)所示。

图 6-44 包装立体效果与背景组合

6.2 案例二:包装主展示面图形设计

包装主展示面图形设计如图 6-45 所示。

6.2.1 包装主展示面图形设计使用工具及其设计主题组件

1. 主要使用的工具及菜单命令

（1）主要使用的工具有：挑选工具、形状工具、矩形工具、箭头形状工具、填充工具（均匀填充、渐变填充）、轮廓工具、文字工具等。

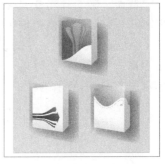

图 6-45 包装主展示面图形设计

（2）主要使用的菜单命令有：

① "排列"→"转换为曲线"。

② "编辑"→"复制"/"粘贴"。

③ "排列"→"群组"。

④ "排列"→"取消群组"。

⑤ "排列"→"添加透视"。

⑥ "排列"→"顺序"。"顺序"命令又包括：

* 到页前面、到页后面；
* 到图层前面、到图层后面、向前一层、向后一层；
* 置于此对象前、置于此对象后。

2. 设计主题组件分析

包装效果图设计主题主要有：图 6-1 中的立体效果、图 6-2 中的主展示面（侧面）图形、图 6-12 中的主展示面（侧面）图形、图 6-22 中的主展示面（侧面）图形等。

6.2.2 包装主展示面图形设计过程

包装盒体的立体效果和案例一中的绘制方法一样，只是造型上稍有不同，下面将几个主要的组件做一个简单的图解：

主展示面：在工具箱中选取矩形工具 绘制一个矩形，宽为 145 mm，高为 200mm，如图 6-46（a）所示，并使用填充工具 中的"均匀填充"填充为灰色，如图 6-46（e）所示（参数为 C：0、M：0、Y：0、K：5），完成后单击"确定"按钮，如图 6-46（b）所示。将如图 6-46（b）所示图形选中后，执行"效果"→"添加透视"命令，根据自己想要的透视效果调节节点，调节至如图 6-46（c）所示的样子。

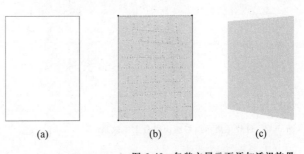

(a)　　　　　　(b)　　　　　　(c)

图 6-46 包装主展示面添加透视效果

　　侧面：在工具箱中选取矩形工具 ▣ 绘制一个矩形，宽 为 30mm，高为 200mm，如图 6-47(a)所示，并使用填充工具 ◇ 中的"均匀填充"填充为灰色，如图 6-47(d)所示（参数为 C：0，M：0，Y：0，K：13），完成后单击"确定"按钮，如图 6-47(b)所示。将如图 6-47(b)所示图形选中后，执行"效果"→"添加透视"命令，根据自己想要的透视效果调节节点，调节至如图 6-47(c)所示的样子。

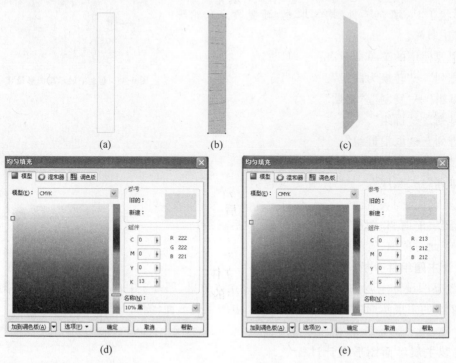

图 6-47　包装侧面添加透视效果

　　将图 6-48(a)和图 6-48(b)组合，包装盒体部分的立体效果就完全做好了，如图 6-48(c)所示。

1. 包装主展示面图形设计案例（一）

包装主展示面图形设计案例（一）如图 6-49 所示。

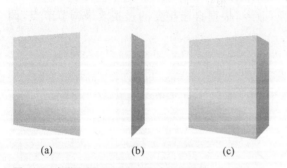

图 6-48　包装主展示面与侧面组合立体效果

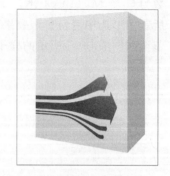

图 6-49　包装主展示面图形设计案例（一）

　　（1）绘制如图 6-50(a)所示图形，它的基本图形是一个箭头，用这个基本图形可以分别编辑出图 6-50(a)中的 1、2、3、4。

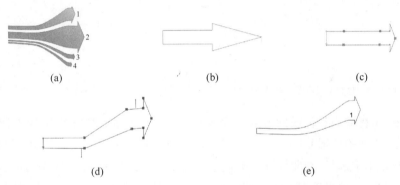

图 6-50 包装主展示面图形局部绘制（一）

① 绘制图 6-50(a)中的 1。在工具箱中选取基本形状工具中的"箭头形状"，如图 6-53(c)所示，并在工具属性栏中选择"完美形状"，如图 6-53(d)所示，绘制一个箭头，如图 6-50(b)所示，并转换为曲线（执行"排列"→"转换为曲线"命令）。用形状工具通过拖动节点或增加、删除节点的方法编辑成想要的形状。在这个图形中需要添加 4 个节点，将箭头最顶段的节点移至如图 6-50(c)所示。依次编辑成如图 6-50(d)所示的样子，并选中如图 6-50(d)所示相关的节点（添加的 4 个节点），单击鼠标右键，从弹出的快捷菜单中选择"到曲线"命令，执行结束后，单击鼠标右键，从弹出的快捷菜单中选择"删除"命令（也可以按 Delete 键），进一步修改后就得到如图 6-50(e)中 1 所示图形。

② 绘制图 6-50(a)中的 2。在工具箱中选取基本形状工具中的"箭头形状"，如图 6-53(c)所示，并在工具属性栏中选择"完美形状"，如图 6-53(d)所示，绘制一个箭头，如图 6-50(b)所示，并转换为曲线（执行"排列"→"转换为曲线"命令）。用形状工具通过拖动节点或增加、删除节点的方法编辑成想要的形状。在这个图形中需要添加 4 个节点，将箭头最顶段的节点移至如图 6-50(c)所示。依次编辑成如图 6-51(a)所示的样子，并选中如图 6-51(a)所示相关的节点（添加的 4 个节点），单击鼠标右键，从弹出的快捷菜单中选择"到曲线"命令，执行结束后，单击鼠标右键，从弹出的快捷菜单中选择"删除"命令（也可以按 Delete 键），进一步修改后就得到如图 6-51(b)中 2 所示图形。

③ 绘制图 6-50(a)中的 3。在工具箱中选取基本形状工具中的"箭头形状"，如图 6-53(c)所示，并在工具属性栏中选择"完美形状"，如图 6-53(d)所示，绘制一个箭头，如图 6-50(b)所示，并转换为曲线（执行"排列"→"转换为曲线"命令）。用形状工具通过拖动节点或增加、删除节点的方法编辑成想要的形状。在这个图形中需要添加 4 个节点，将箭头最顶段的节点移至如图 6-50(c)所示。依次编辑成如图 6-52(a)所示的样子，并选中如图 6-52(a)所示相关的节点（添加的 4 个节点），单击鼠标右键，从弹出的快捷菜单中选择"到曲线"命令，执行结束后，单击鼠标右键，从弹出的快捷菜单中选择"删除"命令（也可以按 Delete 键），进一步修改后就得到如图 6-52(b)中 3 所示图形。

④ 绘制图 6-50(a)中的 4。在工具箱中选取基本形状工具中的"箭头形状"，如图 6-53(c)所示，并在工具属性栏中选择"完美形状"，如图 6-53(d)所示，绘制一个箭头，如图 6-50(b)所示，并转换为曲线（执行"排列"→"转换为曲线"命令）。用形状工具通过拖动节点或增加、删除节点的方法编辑成想要的形状。在这个图形中需要添加4个

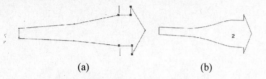

图 6-51 包装主展示面图形局部绘制（二）   图 6-52 包装主展示面图形局部绘制（三）

节点，将箭头最顶段的节点移至如图 6-50(c)所示。依次编辑成如图 6-53(a)所示的样子，并选中如图 6-53(a)所示相关的节点（添加的 4 个节点），单击鼠标右键，从弹出的快捷菜单中选择"到曲线"命令，执行结束后，单击鼠标右键，从弹出的快捷菜单中选择"删除"命令（也可以按 Delete 键），进一步修改后就得到如图 6-53(b)中 4 所示图形。

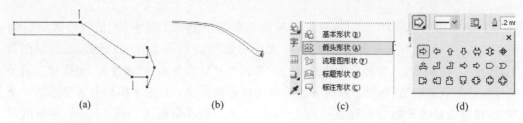

图 6-53 包装主展示面图形局部绘制（四）

将图 6-50(e)中的 1、图 6-51(b)中的 2、图 6-52(b)中的 3、图 6-53(b)中的 4 组合（组合时注意比例关系），如图 6-54（a）所示，并将图 6-54（a）中的数字删除，如图 6-54(b)所示。在工具箱中选取填充工具 中的"渐变填充"命令，弹出"渐变填充"对话框，如图 6-54(d)所示，参数设置为"类型：线性；选项：角度为 232.8，边界为 37；颜色调和：选择'双色'单选按钮"，选取所需颜色，完成后单击"确定"按钮，如图 6-54(c)所示。

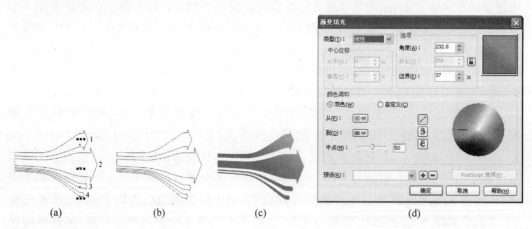

图 6-54 包装主展示面图形组合、填色

将图 6-55(a)和图 6-55(b)组合（组合时注意比例关系），组合后如图 6-55(c)所示。

2. 包装主展示面图形设计案例（二）

包装主展示面图形设计案例（二）如图 6-56 所示。

（1）绘制如图 6-57(a)所示图形，它的基本图形是由矩形编辑出来的。

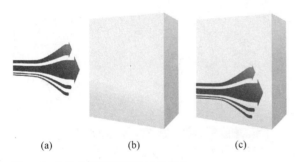

| (a) | (b) | (c) |

图 6-55　包装主展示面图形与盒体组合　　　　　图 6-56　包装主展示面图形设计案例（二）

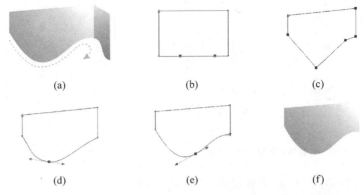

图 6-57　包装主展示面造型绘制

在工具箱中选取矩形工具 ▣ 绘制一个矩形，宽为 145mm，高为 65mm，如图 6-57(b)所示，并转换为曲线（执行"排列"→"转换为曲线"命令）。用形状工具 ▚ 通过拖动节点或增加、删除节点的方法编辑成想要的形状。在这个图形中需要添加两个节点，依次编辑成如图 6-57(c)所示的样子，并选中图 6-57(c)相关的节点（添加的两个节点），单击鼠标右键，从弹出的快捷菜单中选择"到曲线"命令，执行完后，单击鼠标右键，从弹出的快捷菜单中选择"删除"命令（也可以按 Delete 键），如图 6-57(d)所示，进一步修改后就得到如图 6-57(e)所示图形。

在工具箱中选取填充工具 ◈ 中的"渐变填充"命令，弹出"渐变填充"对话框，如图 6-58(g)所示，参数设置为"类型：线性；选项：角度为 225.2、边界为 22；颜色调和：选择'双色'单选按钮"，选取所需颜色，完成后单击"确定"按钮，如图 6-57(f)所示。

在工具箱中选取矩形工具 ▣ 绘制一个矩形，宽为 30mm，高为 65mm，如图 6-58(a)所示，并转换为曲线（执行"排列"→"转换为曲线"命令）。用形状工具 ▚ 通过拖动节点或增加、删除节点的方法编辑成想要的形状。在这个图形中需要添加两个节点，再选中另外两个节点，如图 6-58(b)所示，依次编辑成如图 6-58(c)所示的样子，并选中如图 6-58(c)所示相关的节点，单击鼠标右键，从弹出的快捷菜单中选择"到曲线"命令，执行完后，单击鼠标右键，从弹出的快捷菜单中选择"删除"命令（也可以按 Delete 键），如图 6-58(d)所示，进一步修改后就得到如图 6-58(e)所示图形。

在工具箱中选取填充工具 ◈ 中的"渐变填充"命令，弹出"渐变填充"对话框，如

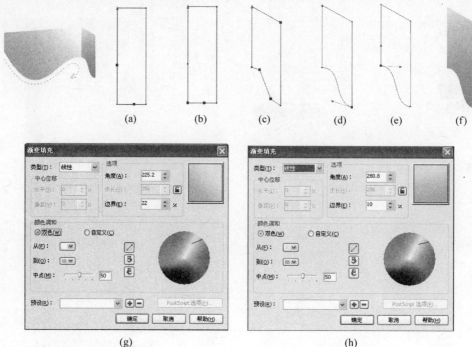

图 6-58　包装侧面造型绘制、填色

图 6-58(h)所示,参数设置为"类型:线性;选项:角度为 280.8、边界为 10;颜色调和:选择'双色'单选按钮",选取所需颜色,完成后单击"确定"按钮,如图 6-58(f)所示。

(2) 要绘制图 6-57(a)中的弯曲虚线图形,它的基本形状是由一段曲线编辑出来的。

在工具箱中选取手绘工具 绘制一条曲线,如图 6-59 所示,用形状工具 通过拖动节点或增加、删除节点的方法进一步调整想要的形状,如图 6-60(a)所示。

图 6-59　包装主展示面图形局部绘制(五)

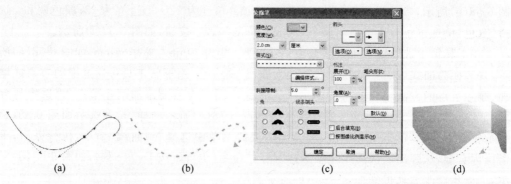

图 6-60　包装主展示面图形局部绘制、填色(一)

选中如图 6-60(a)所示图形,在工具箱中选取轮廓工具 🖊.,执行"轮廓笔"命令,弹出"轮廓笔"对话框,如图 6-60(c)所示,参数设置为"颜色:橘黄;宽度:2cm;样式:虚线;斜接限制:5;角:选择最后一个单选按钮;线条端头:选择第一个单选按钮;书法:展开100;角度:0",完成后单击"确定"按钮,如图 6-60(b)所示。

将图 6-57(f)、图 6-58(f)和图 6-60(b)组合(组合时注意比例关系),如图 6-60(d)所示。再将图 6-60(d)和图 6-61(a)组合,如图 6-61(b)所示。

3. 包装主展示面图形设计案例(三)

包装主展示面图形设计案例(三)如图 6-62 所示。

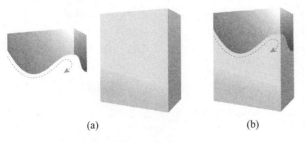

图 6-61　包装主展示面图形与盒体组合　　　　　　图 6-62　包装主展示面图形设计案例(三)

要绘制如图 6-63(a)所示图形,它是由一个矩形和如图 6-54(b)所示图形组合而成的。

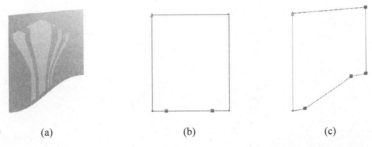

图 6-63　包装主展示面图形绘制

在工具箱中选取矩形工具 🔲 绘制一个矩形,宽为 145mm,高为 200mm,如图 6-63(b)所示,并转换为曲线(执行"排列"→"转换为曲线"命令)。用形状工具 🔏 通过拖动节点或增加、删除节点的方法编辑成想要的形状。在这个图形中需要添加两个节点,依次编辑成如图 6-63(c)所示的样子,并选中图 6-63(c)相关的节点(添加的两个节点),单击鼠标右键,从弹出的快捷菜单中选择"到曲线"命令,单击鼠标右键,从弹出的快捷菜单中选择"删除"命令(也可以按 Delete 键),如图 6-64(a)所示,进一步修改后就得到如图 6-64(b)所示图形。

在工具箱中选取填充工具 🖌 中的"渐变填充"命令,弹出"渐变填充"对话框,如图 6-64(d)所示,参数设置为"类型:线性;选项:角度为 233.6、边界为 25;颜色调和:选择'双色'单选按钮",选取所需颜色,完成后单击"确定"按钮,如图 6-64(c)所示。

将图 6-54(b)复制一个,如图 6-65(a)所示。拉一根"参考线"并旋转 37.1°,如图 6-65(b)所示。

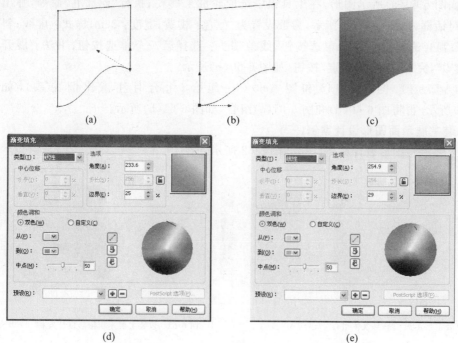

(a)   (b)   (c)

(d)   (e)

图 6-64　包装主展示面图形绘制、填色

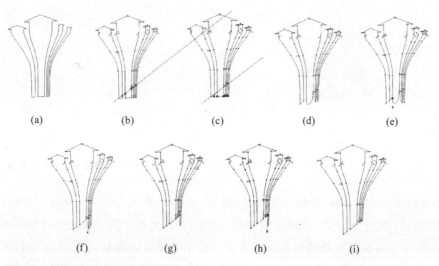

(a)　　　　　(b)　　　　　(c)　　　　　(d)　　　　　(e)

(f)　　　　　(g)　　　　　(h)　　　　　(i)

图 6-65　包装主展示面图形局部绘制（六）

　　注意：CorelDRAW X5 的"参考线"是可以编辑的，可以改变其角度、颜色、锁定，还可以删除，使用起来非常方便。

　　执行"排列"→"转换为曲线"命令，用形状工具 通过拖动节点或增加、删除节点的方法编辑成想要的形状。在这个图形中需要在"参考线"与图形交叉的地方增加 7 个节点，如图 6-65（b）所示，再选中图 6-65（c）中红色的相关节点，单击鼠标右键，从弹出的快捷菜单中选择"删除"命令（也可以按 Delete 键），如图 6-65（d）所示，通过进一步使用调节杆依次编辑成如图 6-65(e)、图 6-65(f)、图 6-65(g)和图 6-65(h)所示形状,稍做调整后就得到图 6-65(i)所示图形。

选中绘制好的图形,如图 6-66(a)所示,在工具箱中选取填充工具 中的"渐变填充"命令,弹出"渐变填充"对话框,如图 6-64(e)所示,参数设置为"类型:线性;选项:角度为254.9、边界为 29;颜色调和:选择'双色'单选按钮",选取所需要的颜色,完成后单击"确定"按钮,如图 6-66(b)所示。

将图 6-64(c)和图 6-66(b)组合(组合时注意比例关系),组合后如图 6-67(a)所示,再将图 6-67(a)和图 6-67(b)组合,组合后如图 6-67(c)所示。

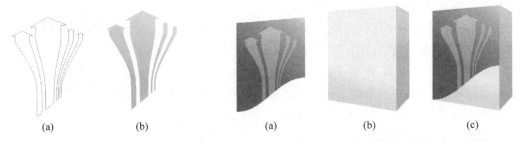

(a)　　　　　　(b)　　　　　　　　(a)　　　　　　(b)　　　　　　(c)

图 6-66　包装主展示面图形局部绘制、填色(二)　　　图 6-67　包装主展示面图形与盒体组合

6.3　案例三:系列手提袋设计

系列手提袋设计效果如图 6-68 所示。

6.3.1　系列手提袋设计使用工具及其设计主题组件

1. 主要使用的工具及菜单命令

(1) 主要使用的工具有:挑选工具、形状工具、矩形工具、交互式变形工具、水平镜像工具、填充工具(均匀填充、渐变填充)等。

图 6-68　系列手提袋设计效果

(2) 主要使用的菜单命令有:

① "排列"→"转换为曲线"。

② "编辑"→"复制"/"粘贴"。

③ "排列"→"群组"。

④ "排列"→"取消群组"。

⑤ "排列"→"顺序"。"顺序"命令又包括:

• 到页前面、到页后面;

• 到图层前面、到图层后面、向前一层、向后一层;

• 置于此对象前、置于此对象后。

2. 设计主题组件分析

包装效果图设计主题主要有：手提袋设计案例（一）、（二）、（三）立体效果（袋口几个层次的组件），手提袋设计案例（一）主展示面图形设计，手提袋设计案例（二）主展示面图形设计，手提袋设计案例（三）主展示面图形设计等。

6.3.2 系列手提袋设计过程

1. 手提袋设计案例（一）

手提袋设计案例（一）如图 6-69 所示。

观察一下此案例中几个主要的部分：一是手提袋的主展示面部分；二是手提袋袋口的几个组件，这几个组件的合成使得手提袋有了立体效果；三是手提袋上面的提手。这几部分都绘制好后，再给主展示面放上合适的图形，一个精美的手提袋就绘制好了。下面针对手提袋设计案例（一），将几个主要的组件做一个简单的图解。

图 6-69　手提袋设计案例（一）

（1）在工具箱中选取矩形工具▢绘制一个矩形，宽为 250mm，高为 400mm，如图 6-70（a）所示，并使用填充工具◇中的"均匀填充"填充为灰蓝色，如图 6-70（c）所示（参数为 C：2、M：0、Y：4、K：0），完成后单击"确定"按钮，如图 6-70（b）所示。

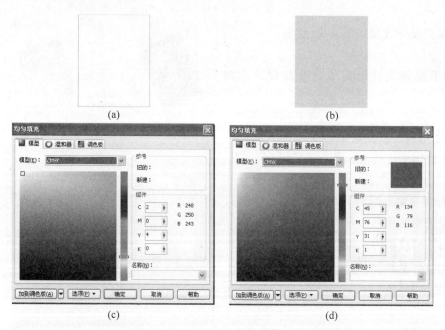

图 6-70　手提袋主展示面绘制、填色

（2）在工具箱中选取矩形工具▢绘制一个矩形，宽为 18mm，高为 30mm，如图 6-71（a）所示，并转换为曲线（执行"排列"→"转换为曲线"命令）。用形状工具▷通过拖动节点或增加、删除节点的方法编辑成想要的形状。在这个图形中需要在图形上增加 1 个节点，如图 6-71(b)所示，再选中图 6-71(c)中红色的相关节点，单击鼠标右键，从弹出的快捷菜单中选择"删除"命令(也可以按 Delete 键)，删除后如图 6-71(d)所示。并使用填充工具 中的"均匀填充"填充为深紫色，如图 6-70(d)所示(参数为 C：45、M：76、Y：31、K：1)，完成后单击"确定"按钮，如图 6-71(e)所示。

将图 6-71(e)所示图形复制一个，执行"水平镜像"命令 ，如图 6-71(f)所示。

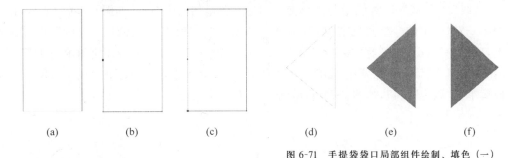

(a)　　　　(b)　　　　(c)　　　　　　　　(d)　　　　(e)　　　　(f)

图 6-71　手提袋袋口局部组件绘制、填色 (一)

在工具箱中选取矩形工具 绘制一个矩形，宽为 30mm，高为 20mm，如图 6-72(a)所示，并转换为曲线(执行"排列"→"转换为曲线"命令)。再选中图 6-72(b)中蓝色的节点，单击鼠标右键，从弹出的快捷菜单中选择"删除"命令(也可以按 Delete 键)，删除后如

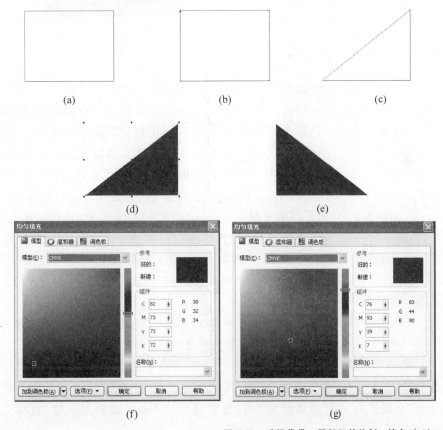

(a)　　　　　　　　　(b)　　　　　　　　　(c)

(d)　　　　　　　　　　(e)

(f)　　　　　　　　　　(g)

图 6-72　手提袋袋口局部组件绘制、填色 (二)

图 6-72(c)所示。并使用填充工具◇中的"均匀填充"填充为混合的黑色,如图 6-72(f)所示(参数为 C:82、M:73、Y:73、K:72),完成后单击"确定"按钮,如图 6-72(d)所示。

将如图 6-72(d)所示图形复制一个,执行"水平镜像"命令Ⅲ,如图 6-72(e)所示。

在工具箱中选取矩形工具囗绘制一个矩形,宽为 230mm,高为 40mm,如图 6-73(a)所示,并转换为曲线(执行"排列"→"转换为曲线"命令)。用形状工具⑤通过拖动节点或增加、删除节点的方法编辑成想要的形状。在这个图形中需要在"参考线"(图 6-73(b)中的"蓝线"、"绿线"和"红线")与图形交叉的地方各增加两个节点,如图 6-73(b)所示,再选中图 6-73(c)中的两个蓝色节点,分别拖动节点至"参考线"("蓝线"、"红线")的交叉点上,如图 6-73(d)所示,将"参考线"删除,删除后如图 6-73(e)所示。并使用填充工具◇中的"均匀填充"填充为深紫色,如图 6-72(g)所示(参数为 C:76、M:93、Y:39、K:7),完成后单击"确定"按钮,如图 6-73(f)所示。

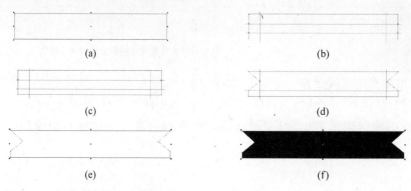

(a)

(b)

(c)

(d)

(e)

(f)

图 6-73　手提袋袋口局部组件绘制、填色(三)

(3) 在工具箱中选取椭圆工具◎绘制一个椭圆,如图 6-74(a)所示,并转换为曲线(执行"排列"→"转换为曲线"命令)。用形状工具⑤通过拖动节点或增加、删除节点的方法编辑成想要的形状。这里选中如图 6-74(b)所示图形最下面的一个节点拖动,拖动至如图 6-74(c)所示的图形后,再调节带有箭头的调节杆,依次编辑成如图 6-74(d)和图 6-74(e)所示的形状。并使用填充工具◇中的"均匀填充"填充为紫蓝色,如图 6-74(g)所示(参数为 C:54、M:48、Y:0、K:0),完成后单击"确定"按钮,如图 6-74(f)所示。

将如图 6-74(f)所示图形复制一个,并使用填充工具◇中的"均匀填充"填充为紫蓝色,如图 6-74(g)所示(参数为 C:54、M:48、Y:0、K:0),完成后单击"确定"按钮,如图 6-75(b)所示。再把图 6-75(a)和图 6-75(b)错位重叠,如图 6-75(c)所示。

将图 6-71(e)、图 6-71(f)、图 6-72(d)、图 6-72(e)和图 6-73(f)组合(组合时注意比例关系),如图 6-76 所示。

再把图 6-77(a)、图 6-77(b)、图 6-77(c)和图 6-77(d)组合(组合时注意比例关系),如图 6-77(e)所示。至此,不带图案手提袋就设计好了。

现在开始设计手提袋上的图形。在工具箱中选取矩形工具囗绘制一个矩形,如图 6-78(a)所示,在工具箱中选取交互式变形工具◎,在工具属性栏中选取"扭曲变形"◎,完全旋转为 3,附加角度为 197,设置好后按 Enter 键稍加调整,就得到了想要的图形,如图 6-78(b)所示。

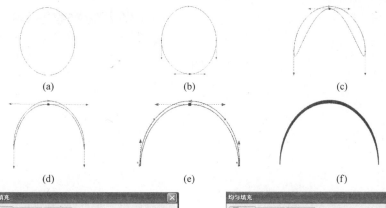

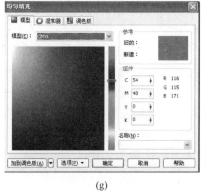

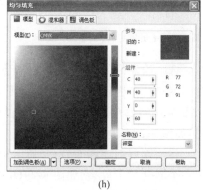

图 6-74　手提袋提手组件轮廓绘制、填色

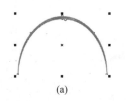

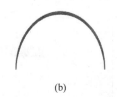

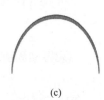

图 6-75　手提袋提手组件轮廓绘制、填色

图 6-76　手提袋袋口各组件组合

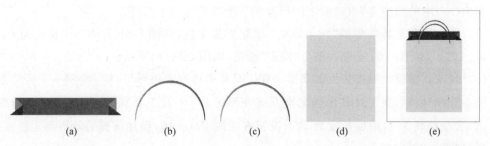

图 6-77　手提袋各组件组合

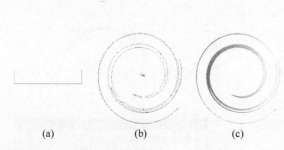
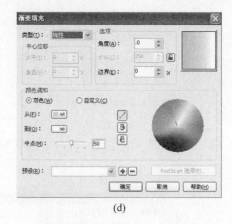

(a)　　　　　　(b)　　　　　(c)　　　　　　　　　(d)

图 6-78　手提袋主展示面绘制

选中绘制好的如图 6-78(b)所示图形,在工具箱中选取填充工具 中的"渐变填充"
命令,弹出"渐变填充"对话框,如图 6-78(d)所示,参数设置为"类型:线性;选项:角度为
0、边界为 0;颜色调和:选择'双色'单选按钮",选取所需要的颜色,完成后单击"确定"按
钮,如图 6-78(c)所示。

将绘制好的如图 6-78(c)所示图形按照适当的比例置入图 6-79(a)中,至此就设计好
了一个漂亮的手提袋,如图 6-79(b)所示。

2.　手提袋设计案例(二)

手提袋设计案例(二)如图 6-80 所示。

(a)　　　　　　　　　　(b)

图 6-79　手提袋袋体与图形组合

图 6-80　手提袋设计案例（二）

这里的手提袋的袋体部分和手提袋设计案例(一)是完全一样的,只要把手提袋设计
案例(一)中的如图 6-79(a)所示图形复制一个并旋转一个角度。

使用填充工具 中的"均匀填充"填充为紫蓝色,如图 6-81(b)所示(参数为 C:20、
M:20、Y:0、K:0),完成后单击"确定"按钮,如图 6-81(a)所示。

现在开始设计手提袋上的图形。在工具箱中选取多边形工具 绘制一个五边形,如
图 6-82(a)所示,在工具箱中选取交互式变形工具 ,在工具属性栏中选取"扭曲变形"
,完全旋转为 1,附加角度为 127,设置好后按 Enter 键,稍加调整后就得到了想要的图
形,如图 6-82(b)所示。

(a)

(b)

图 6-81　手提袋主展示面更换颜色

选中绘制好的图 6-82(b)所示图形,在工具箱中选取填充工具 ◇ 中的"渐变填充"命令,弹出"渐变填充"对话框,如图 6-82(d)所示,参数设置为"类型:线性;选项:角度为 0、边界为 0;颜色调和:选择'双色'单选按钮",选取所需要的颜色,完成后单击"确定"按钮,如图 6-82(c)所示。

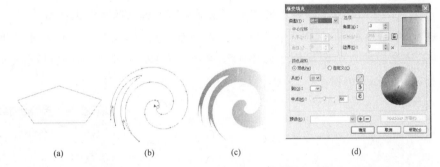

(a)　　　　　　　(b)　　　　　　　(c)　　　　　　　　　(d)

图 6-82　手提袋主展示面图形轮廓绘制、填色

将绘制好的如图 6-82(c)所示图形按照适当的比例置入图 6-83(a)中,至此就设计好了一个漂亮的手提袋,如图 6-83(b)所示。

3. 手提袋设计案例(三)

手提袋设计案例(三)如图 6-84 所示。

(a)

(b)

图 6-83　手提袋袋体与图形组合 (一)

图 6-84　手提袋设计案例 (三)

这里的手提袋的袋体部分和手提袋设计案例(一)是完全一样的,只要把手提袋设计案例(一)中的如图 6-79(a)所示图形复制一个并旋转一个角度。

使用填充工具 中的"均匀填充"填充为玫瑰红色,如图 6-85(b)所示(参数为 C:0、M:100、Y:0、K:0),完成后单击"确定"按钮,如图 6-85(a)所示。

(a)

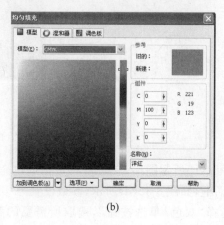
(b)

图 6-85　手提袋主展示面更换颜色

现在开始设计手提袋上的图形。在工具箱中选取椭圆形工具 绘制一个椭圆形,如图 6-86(a)所示,在工具箱中选取交互式变形工具 ,在工具属性栏中选取"扭曲变形" ,完全旋转为 0,附加角度为 290,设置好后按 Enter 键,稍加调整后就得到了想要的图形,如图 6-86(b)所示。

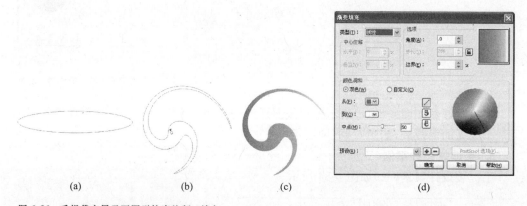
(a)　　　　　(b)　　　　　(c)　　　　　(d)

图 6-86　手提袋主展示面图形轮廓绘制、填色

选中绘制好的图 6-86(b)所示图形,在工具箱中选取填充工具 中的"渐变填充"命令,弹出"渐变填充"对话框,如图 6-86(d)所示,参数设置为"类型:线性;选项:角度为 0、边界为 0;颜色调和:选择'双色'单选按钮",选取所需的颜色,完成后单击"确定"按钮,如图 6-86(c)所示。

将绘制好的图 6-86(c)所示图形按照适当的比例置入图 6-87(a)中,至此就设计好了一个漂亮的手提袋,如图 6-87(b)所示。

(a)　　　　　　　　　　(b)

图 6-87 手提袋袋体与图形组合（二）

6.4 自学案例

掌握以上包装设计的方法，可以解决不同类型、不同造型、不同图形的包装以及包装效果图设计。

6.4.1 包装盒设计

包装盒设计效果如图 6-88(a)和图 6-88(b)所示。

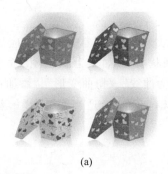
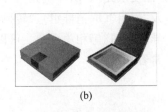

(a)　　　　　　　　　　(b)

图 6-88 包装盒设计效果

6.4.2 手提袋袋体造型设计

手提袋袋体造型设计效果如图 6-89(a)、图 6-89(b)和图 6-89(c)所示。

6.4.3 产品包装设计

产品包装设计效果如图 6-90 所示。

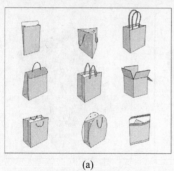
(a)

(b)

(c)

图 6-89　手提袋袋体造型设计效果

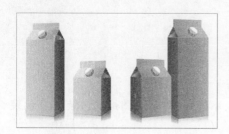

图 6-90　产品包装设计效果

小结

　　本章通过绘制包装立体效果图，重点掌握并熟练应用"形状"、"手绘"、"均匀填充"、"渐变填充"、"图样填充"、"网状填充"、"交互式透明"、"交互式阴影"、"轮廓"工具等，以及"群组"（取消群组）、"转换为曲线"、"扭曲变形"、"添加透视"、"顺序"、"参考线"、"批量导出位图"等相关命令。可以看出，结合适当实例，详解新的工具和命令，掌握起来就非常容易。

第 7 章　字体与版式设计

7.1　案例一:"图行天下"字体标志设计

"图行天下"字体标志设计效果如图 7-1 所示。

7.1.1　"图行天下"字体标志设计使用工具及其设计主题组件

1. 主要使用的工具及菜单命令

（1）主要使用的工具有：挑选工具、形状工具、画笔工具、文字工具、字体工具、字号工具、填充工具（均匀填充、渐变填充）等。

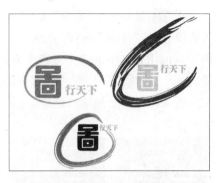

图 7-1　"图行天下"字体标志设计效果

（2）主要使用的菜单命令有：

① "排列"→"转换为曲线"。

② "编辑"→"复制"/"粘贴"。

③ "排列"→"群组"。

④ "排列"→"取消群组"。

⑤ "排列"→"打散曲线"。

⑥ "排列"→"顺序"。"顺序"命令又包括：

- 到页前面、到页后面；
- 到图层前面、到图层后面、向前一层、向后一层；
- 置于此对象前、置于此对象后。

2. 设计主题组件分析

"图行天下"字体标志设计主题主要组件由字体设计部分、画笔图形部分组成。

7.1.2　"图行天下"字体标志设计制作过程

1. "图行天下"字体标志设计（一）

"图行天下"字体标志设计（一）如图 7-2 所示。

（1）在工具箱中选取文本工具 $\boxed{字}$ ，输入"图行天下"4 个字样，分别在工具属性栏中将

"图"的字体设置为"方正综艺繁体"字号为100pt；将"行天下"的字体设置为"方正粗宋繁体"，字号为40pt，如图7-3所示。并使用填充工具🖊中的"均匀填充"将文字填充为红色，如图7-8(b)所示(参数为C：0、M：100、Y：100、K：0)，完成后单击"确定"按钮，如图7-3所示。

图7-2　"图行天下"字体标志设计（一）

图7-3　输入文字"图行天下"

　　将"图"复制一个(选择"编辑"→"复制"/"粘贴"命令)，如图7-4(a)所示，并将其转换为曲线(执行"排列"→"转换为曲线"命令)。选中"图"字外框中的任意两个节点，如图7-4(b)中被选中的两个蓝色节点，紧接着单击鼠标右键，从弹出的快捷菜单中选择"打散"命令。将"图"字外框的节点全部删除，删除后如图7-5(a)所示。使用形状工具🖊对文字的局部做一个简单的调整，先拉3条(黄、蓝、黑)"参考线"，如图7-5(a)所示。

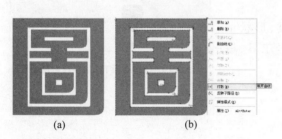

(a)　　　　　　　(b)

图7-4　编辑文字"图"（一）

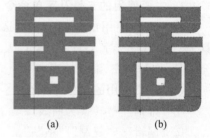

(a)　　　　　(b)

图7-5　编辑文字"图"（二）

　　在"参考线"与文字交叉的地方添加4个节点，如图7-5(b)所示。

　　使用形状工具🖊选中两个蓝色节点，单击鼠标右键，从弹出的快捷菜单中选择"到曲线"命令，如图7-6(a)所示，紧接着再单击鼠标右键，从弹出的快捷菜单中选择"删除"命令，如图7-6(b)所示。执行结束后，如图7-6(c)所示。将调节杆稍做调整后就将文字处理好了，同时删除"参考线"，如图7-6(d)所示。

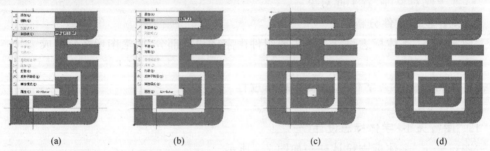

(a)　　　　　　(b)　　　　　　(c)　　　　　　(d)

图7-6　编辑文字"图"（三）

（2）在工具箱中选取艺术笔工具 ![icon]，在工具属性栏中选取"笔刷" ![icon]，将"平滑度"设置为100，将"艺术笔工具宽度"设置为10mm，在"浏览"下拉列表中选取所需要的艺术笔效果（艺术笔效果如图7-7所示）。

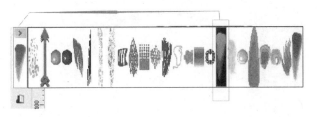

图7-7　使用"艺术笔工具"（一）

在这个实例中选择图7-7中箭头所指的艺术笔效果，画出一个艺术笔效果，如图7-8(a)所示的样子，并使用填充工具 ![icon] 中的"均匀填充"填充为红色，如图7-8(b)所示（参数为C：0、M：100、Y：100、K：0），完成后单击"确定"按钮，如图7-8(a)所示。

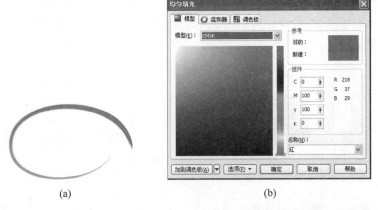

(a)　　　　　　　　　　　　　　(b)

图7-8　绘制的笔刷图形、填色

将文字"行天下"填充为灰色，如图7-9(a)所示。在工具箱中选取填充工具 ![icon] 中的"均匀填充"（参数为C：0、M：0、Y：0、K：20），如图7-9(b)所示，完成后单击"确定"按钮，如图7-9(a)所示。

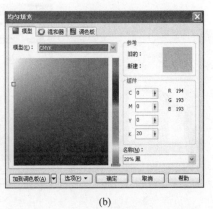

(a)　　　　　　　　　　　　　　(b)

图7-9　更换字体颜色"行天下"

121

将绘制好的图 7-10(a)、图 7-10(b)和图 7-10(c)按照一定的比例组合在一起,如图 7-10(d)所示,这样一个以文字为主要图形的标志就设计好了。

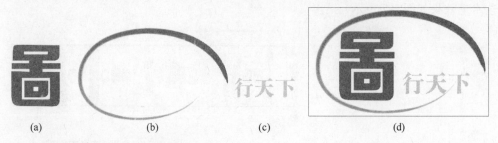

(a)　　　　　　(b)　　　　　　(c)　　　　　　(d)

图 7-10　将编辑好的字体与笔刷图形组合

2.　"图行天下"字体标志设计(二)

"图行天下"字体标志设计(二)如图 7-11 所示。

在这个实例中实现艺术画笔的效果的方法与实例(一)中的第(2)步是一样的。在工具箱中选取艺术笔工具 ,在工具属性栏中选取"笔刷" ,将"平滑度"设置为 100,将"艺术笔工具宽度"设置为 50mm,在"浏览"下拉列表中选取所需的艺术笔效果(艺术笔效果如图 7-12 所示)。

图 7-11　"图行天下"字体标志设计(二)

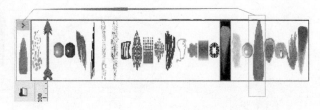

图 7-12　使用"艺术笔工具"(二)

在这个实例中选择图 7-12 中箭头所指的艺术笔效果,画出一个艺术笔效果,如图 7-13(a)所示的样子,并使用填充工具 中的"均匀填充"填充为灰色,如图 7-13(b)所示(参数为 C:0、M:20、Y:40、K:60),完成后单击"确定"按钮,如图 7-13(a)所示。

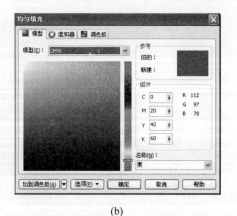

(a)　　　　　　　　　　(b)

图 7-13　绘制的笔刷图形填色

将绘制好的图 7-14(a)、图 7-14(b)和图 7-14(c)按照一定的比例组合在一起,如图 7-14(d)所示,这样一个以文字为主要图形的标志就设计好了。

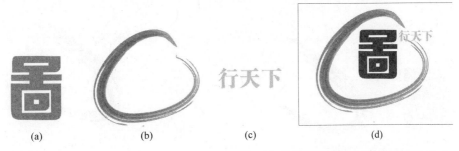

(a)　　　　　　(b)　　　　　　(c)　　　　　　(d)

图 7-14　将编辑好的字体与笔刷图形组合(一)

3. "图行天下"字体标志设计(三)

"图行天下"字体标志设计(三)如图 7-15(a)所示。

在这个实例中实现艺术画笔的效果的方法与实例(一)中的第(2)步是一样的。在工具箱中选取艺术笔工具,在工具属性栏中选取"笔刷",将"平滑度"设置为 100,将"艺术笔工具宽度"设置为 50mm,在"浏览"下拉列表中选取所需要的艺术笔效果(艺术笔效果如图 7-16 所示)。

图 7-15　"图行天下"字体标志设计(三)

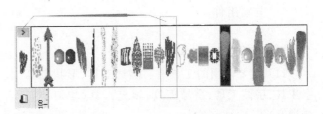

图 7-16　使用"艺术笔工具"(三)

在这个实例中选择图 7-16 中箭头所指的艺术笔效果,画出一个艺术笔效果,如图 7-17(a)所示的样子,并使用填充工具中的"均匀填充"填充为蓝色,如图 7-17(b)所示(参数为 C:95、M:57、Y:5、K:0),完成后单击"确定"按钮,如图 7-17(a)所示。

(a)

(b)

图 7-17　绘制的笔刷图形填色

123

将绘制好的图 7-18(a)、图 7-18(b)和图 7-18(c)按照一定的比例组合在一起,如图 7-18(d)所示,这样一个以文字为主要图形的标志就设计好了。

(a)   (b)   (c)   (d)

图 7-18　将编辑好的字体与笔刷图形组合 (二)

7.2　案例二:请柬中的"双喜"设计

请柬中的"双喜"设计效果如图 7-19 所示。

7.2.1　请柬中的"双喜"设计使用工具及其设计主题组件

图 7-19　请柬中的"双喜"设计效果

1. 主要使用的工具及菜单命令

(1) 主要使用的工具有:挑选工具、形状工具、文字工具、字体工具、字号工具、填充工具(均匀填充、渐变填充)等。

(2) 主要使用的菜单命令有:

① "排列"→"转换为曲线"。

② "编辑"→"复制"/"粘贴"。

③ "排列"→"群组"。

④ "排列"→"取消群组"。

⑤ "排列"→"打散曲线"。

⑥ "排列"→"导入"。

⑦ "排列"→"顺序"。"顺序"命令又包括:

- 到页前面、到页后面;
- 到图层前面、到图层后面、向前一层、向后一层;
- 置于此对象前、置于此对象后。

2. 设计主题组件分析

请柬中的"双喜"设计主题主要组件由"喜"字部分、背景部分组成。

7.2.2 请柬中的"双喜"设计制作过程

请柬中的"双喜"二字设计效果如图 7-20 所示。

在工具箱中选取文本工具圖，输入"喜"字，分别在工具属性栏中将"喜"的字体设置为"方正综艺繁体"，字号为 200pt，如图 7-21(a)所示，并将其转换为曲线（执行"排列"→"转换为曲线"命令）。使用形状工具圖对文字的局部做一个简单的调整，先拉 3（黄、蓝、黑）条"参考线"，如图 7-21(b)所示。

图 7-20 请柬中的"双喜"二字设计效果

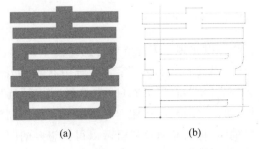

图 7-21 输入文字"喜"转换为曲线

在"参考线"与文字交叉的地方添加 3 个蓝色节点，如图 7-21(b)所示。

使用形状工具圖选中两个蓝色节点，单击鼠标右键，从弹出的快捷菜单中选择"到曲线"命令，如图 7-22(a)所示，紧接着再单击鼠标右键，从弹出的快捷菜单中选择"删除"命令，如图 7-22(b)所示。执行结束后，如图 7-22(c)所示。将调节杆稍做调整后（调整时尽量调整到两边的切角对称），就将文字处理好了，如图 7-22(d)所示。

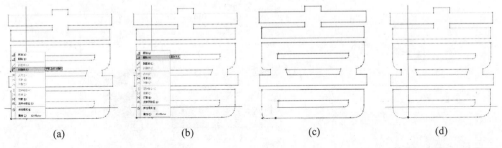

图 7-22 编辑文字"喜"

将前面拉的"参考线"删除，如图 7-23(a)所示。

将如图 7-23(a)所示图形复制一个，如图 7-24(a)所示，并选择"菜单"→"排列"→"对齐分布"→"水平居中对齐"命令，如图 7-24(b)所示。

注意：在执行"对齐分布"命令的时候，必须是两个以上的对象。

将两个排列好的"喜"字"焊接"在一起就变成了"双喜"，具体的方法如下：

选择"排列"→"造型"命令，弹出"造型"泊坞窗口，如图 7-23(b)所示，用此命令可以得到很多想要的图形，在这个实例中使用"焊接"命令，当然除"焊接"命令外，它里边还有"修剪"、"简化"、"相交"等，可根据自己想要的形状选择不同的命令，都可以通过下面的

(a)　　　　　　　　　　　　　(b)

图 7-23　使用"焊接"命令

操作得以实现。因为要想得到如图 7-24(c)所示的形状,必须是两个对象相互作用的结果,所以其中一个"喜"字处于选中状态,如图 7-24(a)所示,这个"喜"字也是后面提到的"来源对象",在图 7-23(b)中选择"焊接"选项,同时选中"来源对象"和"目标对象"复选框,单击"焊接到"按钮,当鼠标处于"焊接"状态 时,单击被"焊接"的部分,也就是所选择的"目标对象",这样就可以得到想要的图 7-24(c)所示的形状。

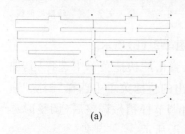 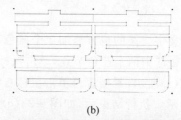

(a)　　　　　　　　　　　　　(b)

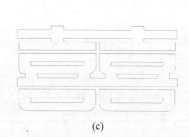 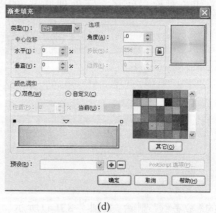

(c)　　　　　　　　　　　　　(d)

图 7-24　使用"焊接"命令后填色

注意:"焊接"命令是将两个对象组合成一个完整的图形来获得想要的形状。

选中如图 7-24(c)所示图形,在工具箱中选取填充工具 中的"渐变填充"命令,弹出"渐变填充"对话框,如图 7-24(d)所示,参数设置为"类型:圆锥;中心位移:'水平'和'垂直'均为 0;选项:'角度'为 0;颜色调和:选择'自定义'单选按钮",选取所需颜色,完成后单击"确定"按钮,如图 7-25(a)所示。

选择"文件"→"导入"命令从教材素材文件包中导入一个"请柬-素材"位图,即在弹出

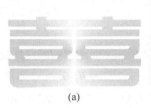
(a)

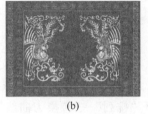
(b)

(c)

图 7-25　字体与背景组合

"导入"对话框中,选中位图素材"请柬-素材"后,单击"导入"按钮,此时鼠标变成带有刻度的三角和一些参数的图标(如 ），直接在工作区拖动,就会轻松地将位图"请柬-素材"导入到 CorelDRAW X5 的工作区中(拖动幅度的大小决定位图的大小)。

　　将图 7-25(a)和图 7-25(b)组合,漂亮的请柬就设计好了,如图 7-25(c)所示。

7.3　案例三:"happy"特效文字设计

　　"happy"特效文字设计效果如图 7-26 所示。

7.3.1　"happy"特效文字设计使用工具及其设计主题组件

1. 主要使用的工具及菜单命令

（1）主要使用的工具有:挑选工具、形状工具、文字工具、字体工具、字号工具、填充工具(均匀填充)等。

图 7-26　"happy"特效文字设计效果

（2）主要使用的菜单命令有:

① "排列"→"转换为曲线"。

② "编辑"→"复制"/"粘贴"。

③ "排列"→"群组"。

④ "排列"→"取消群组"。

⑤ "排列"→"打散曲线"。

⑥ "排列"→"顺序"。"顺序"命令又包括:

• 到页前面、到页后面;

• 到图层前面、到图层后面、向前一层、向后一层;

• 置于此对象前、置于此对象后。

2. 设计主题组件分析

　　"happy"特效文字设计主题主要组件由"happy"的字体设计部分、五星部分、特效部分组成。

7.3.2 "happy"特效文字设计过程

（1）在工具箱中选取文本工具 字，输入英文"happy"，分别在工具属性栏中将"happy"的字体设置为 SF Americana Dreams Extended，字号为 580pt，如图 7-27（a）所示，并将其转换为曲线（执行"排列"→"转换为曲线"命令）。这个时候"happy"由文字转换为图形或者说是一个曲线，这样就可以随意地对它进行编辑修改来达到设计的要求，同时把曲线图形转换为线框。执行"填充工具"中的"无"填充，如图 7-27（b）所示。

(a)　　　　　　　　　　　　　　(b)

图 7-27　输入"happy"文字并转换为曲线

注意：把曲线图形转换为线框后节点非常清晰，方便对曲线图形编辑修改。

用形状工具 将曲线（见图 7-27（b））选中，执行"排列"→"打散曲线"命令，这样就把一个连在一起的曲线分解了，可以针对单个字母随意地进行编辑修改，如图 7-28 所示。

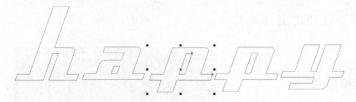

图 7-28　拆分文字

在工具箱中选取形状工具 ，选中要打散的 8 个节点，如图 7-29 所示（1 个蓝色，7 个红色），接着单击鼠标右键，从弹出的快捷菜单中选择"打散"命令。执行"打散"命令后，曲线的节点由原来闭合时的一个转换成方向相反的两个"三角"节点。选中"happy"曲线上打散的两个"三角"节点中的一个，这里需要选中 8 个节点（1 个蓝色，7 个红色），单击鼠标右键，从弹出的快捷菜单中选择"删除"命令，如图 7-30 所示，删除后如图 7-31 所示。

图 7-29　拆分文字——使用"打散"命令

（2）在工具箱中选取星形工具 绘制一个正五角形，如图 7-32（a）所示，在工具箱中选取填充工具 ，执行"渐变填充"命令，弹出"渐变填充"对话框，如图 7-32（c）所示，参数

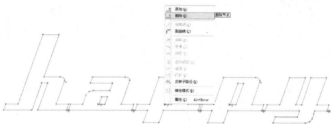

图 7-30　拆分文字——使用"删除"命令

图 7-31　拆分好的文字

设置为"类型：圆锥；中心位移：'水平'和'垂直'均为 0；选项：'角度'为 0；颜色调和：选择'自定义'单选按钮；位置：51"，选取自己所需颜色，完成后单击"确定"按钮，如图 7-32(b)所示。

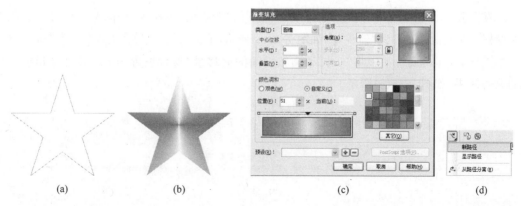

(a)　　　　　　　(b)　　　　　　　　　　(c)　　　　　　　　(d)

图 7-32　使用"星形工具"绘制正五角形、填色

（3）把在第（1）步（见图 7-31）中绘制好的"happy"曲线中的"h"选中，将第（2）步中如图 7-32(b)所示图形复制 2 个，缩放到合适大小后，排列在"h"曲线右边断开的节点上，如图 7-33(a)所示。将其中一个"五角形"选中，选取"交互式调和"工具，直接拖动鼠标到另一个"五角形"，就会出现如图 7-33(b)所示的效果。

在工具属性栏中选取"路径属性"命令下的"新路径"子命令，如图 7-32(d)所示，此时鼠标就会变成一个曲线"箭头"，如图 7-34(a)所示，单击"h"曲线就会出现如图 7-34(b)所示的效果。在工具属性栏中将"步长和调和之间的偏移量"参数设置为 100，就会得到想要的最终效果，如图 7-34(c)所示。

将第（1）步（见图 7-31）中绘制好的"happy"曲线中的"a"选中，将第（2）步中图 7-32(b)所示图形复制 2 个，缩放到合适大小后，排列在"a"曲线右边断开的节点上，如

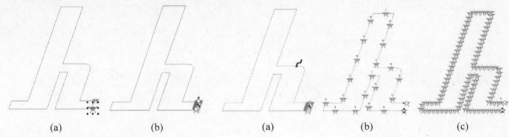

图 7-33　文字与"五角形"组合使用　　　　　　　　　　图 7-34　"h"字母路径与图形的组合
　　　"交互式调和"工具（一）

图 7-35(a)所示。将其中一个"五角形"选中，选取"交互式调和"工具 📷，直接拖动鼠标到另一个"五角形"，就会出现如图 7-35(b)所示的效果。

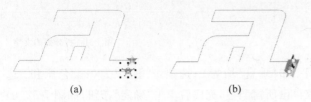

图 7-35　文字与"五角形"组合使用"交互式调和"工具（二）

　　　在工具属性栏中选取"路径属性"命令 🔽 下的"新路径"子命令，如图 7-32(d)所示，此时鼠标就会变成一个曲线"箭头" 🎯，如图 7-36(a)所示，单击"a"曲线就会出现如图 7-36(b)所示的效果，在工具属性栏中将"步长和调和之间的偏移量"参数设置为 66，就会得到想要的最终效果，如图 7-36(c)所示。

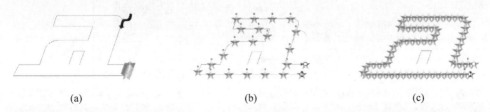

图 7-36　字母为路径与图形的组合

　　　图 7-36(c)中"a"中间的曲线（见图 7-37(a)）也用同样的方法设置。将"步长和调和之间的偏移量"参数设置为 10，如图 7-37(b)所示，然后就会得到想要的最终效果，如图 7-37(c)所示。

　　　将第(1)步（见图 7-31）中绘制好的"happy"曲线中的"p"选中，将第(2)步中如图 7-32(b)所示图形复制 2 个，缩放到合适大小后，排列在"p"曲线右边断开的节点上，如图 7-38(a)所示。将其中一个"五角形"选中，选取"交互式调和"工具 📷，直接拖动鼠标到另一个"五角形"，就会出现如图 7-38(b)所示的效果。

　　　在工具属性栏中选取"路径属性"命令 🔽 下的"新路径"子命令，如图 7-32(d)所示，此时鼠标就会变成一个曲线"箭头" 🎯，如图7-39(a)所示，单击"p"曲线就会出现如图7-39(b)

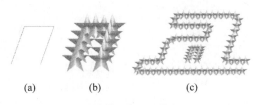

图 7-37 "a"字母路径与图形的组合

图 7-38 文字与"五角形"组合使用"交互式调和"工具（三）

所示的效果，在工具属性栏中将"步长和调和之间的偏移量"参数设置为 66，就会得到想要的最终效果，如图 7-39(c)所示。

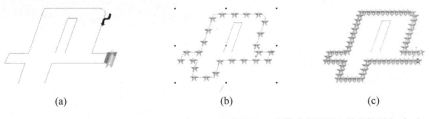

图 7-39 "p"字母路径与图形的组合（一）

　　图 7-39(c)中"p"中间的曲线（见图 7-40(a)）也用同样的方法设置。将"步长和调和之间的偏移量"参数设置为 14，如图 7-40(b)所示，然后就会得到想要的最终效果，如图 7-40(c)所示。

　　将第（1）步（见图 7-31）中绘制好的"happy"曲线中的"y"选中，将第（2）步中图 7-32(b)所示图形复制 2 个，缩放到合适大小后，排列在"y"曲线右边断开的节点上，如图 7-41(a)所示。将其中一个"五角形"选中，选取"交互式调和"工具，直接拖动鼠标到另一个"五角形"，就会出现如图 7-41(b)所示的效果。

图 7-40 "p"字母路径与图形的组合（二）　　图 7-41 文字与"五角形"组合使用"交互式调和"工具（四）

　　在工具属性栏中选取"路径属性"命令下的"新路径"子命令，如图 7-32(d)所示，此时鼠标就会变成一个曲线"箭头"，如图 7-42(a)所示，单击"y"曲线就会出现如图 7-42(b)所示的效果，在工具属性栏中将"步长和调和之间的偏移量"参数设置为 66，就会得到想要的最终效果，如图 7-42(c)所示。

　　将图 7-40(c)所示图形复制 1 个，与图 7-34(c)、图 7-37(c)、图 7-42(c)组合在一起，这样绚丽的 happy——特效文字设计就设计好了，如图 7-43(a)所示。可以更换不同的背景，会得到更神奇的效果，如图 7-43(b)所示。

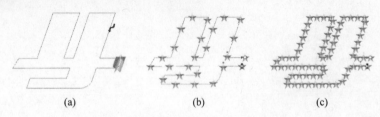

(a)   (b)   (c)

图 7-42　"y"字母路径与图形的组合

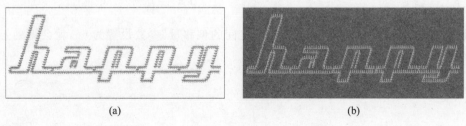

(a)   (b)

图 7-43　特效文字与背景的组合

7.4　案例四：用路径文字制作公章

用路径文字制作公章效果如图 7-44 所示。

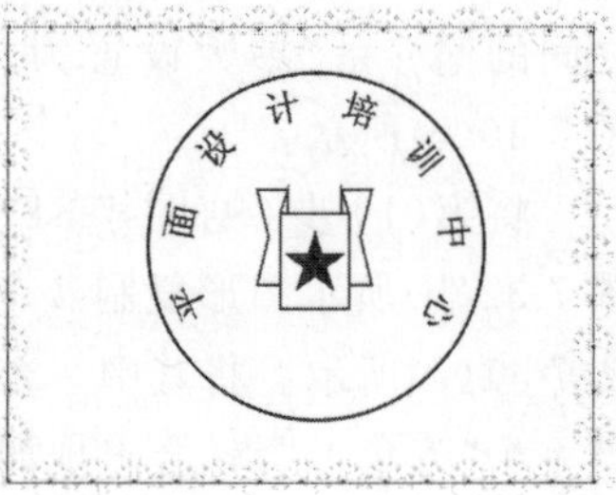

7.4.1　用路径文字制作公章使用工具及其设计主题组件

1. 主要使用的工具及菜单命令

（1）主要使用的工具有：挑选工具、形状工具、基本形状工具（标题形状）、星形工具、轮廓工具（轮廓笔、无轮廓）、文字工具、字体工具、字号工具、填充工具（均匀填充）等。

图 7-44　用路径文字制作公章效果

（2）主要使用的菜单命令有：

① "排列"→"转换为曲线"。

② "文本"→"字符与格式化"。

③ "编辑"→"复制"/"粘贴"。

④ "排列"→"群组"。

⑤ "排列"→"取消群组"。

⑥ "排列"→"对齐和分布"（水平居中对齐）。

⑦ "排列"→"顺序"。"顺序"命令又包括：

- 到页前面、到页后面；

- 到图层前面、到图层后面、向前一层、向后一层；

- 置于此对象前、置于此对象后。

2. 设计主题组件分析

用路径文字制作公章效果设计主题主要组件由圆环部分、文字部分、正五角形部分组成。

7.4.2 用路径文字制作公章过程

（1）在工具箱中选取椭圆形工具 绘制一个正圆，将宽度和高度分别设置为 40mm，将正圆的轮廓宽度设置为 1.2mm，如图 7-45(a)所示。

图 7-45 绘制正圆

将如图 7-45(a)所示图形复制 1 个，将宽度和高度分别设置为 30mm，与如图 7-45(a)所示图形组合在一起，并执行"排列"→"对齐和分布"→"水平居中对齐"命令，如图 7-45(b)所示。

执行结束后，效果如图 7-46 所示。

在工具箱中选取文本工具 ，在被选中的正圆上，当鼠标变成"路径输入模式" 时，单击被选中的"正圆曲线"，输入文字"平面设计培训中心"，如图 7-47(a)所示。

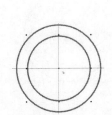

图 7-46 使用"对齐和分布"命令

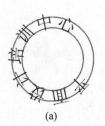

(a)

(b)

图 7-47 沿路径输入文字

分别在工具属性栏中将"平面设计培训中心"的字体设置为"宋体"，字号为 14pt，并适当将"字距调整范围"设置为 90%。具体方法是：在工具属性栏中执行"字符格式"命令 ，弹出"字符格式化"泊坞窗口，如图 7-47(b)所示，将参数设置为上面所述。完成后如图 7-48(a)所示。

选中"小正圆",如图 7-48(b)所示,在工具箱中选取轮廓工具 ,执行轮廓工具子命令"无"轮廓,如图 7-49(a)所示,执行完成后,就轻松地将"小正圆"处理掉了,就得到了所设计的公章的主题部分,如图 7-49(b)所示。

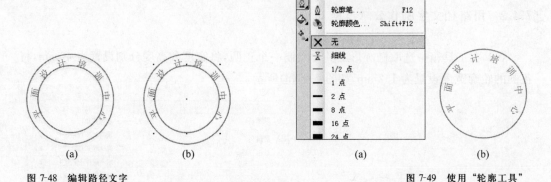

图 7-48 编辑路径文字   图 7-49 使用"轮廓工具"

(2) 主要是给公章修饰一下,需要设计公章中心的形状和一个五角形。具体方法如下:

在工具箱中选取星形工具 ,如图 7-50(a)所示,将"多边形、星形和复杂星形的点数或边数"设置为 5,将"星形和复杂星形的锐度"设置为 53,绘制一个正五角形,并使用填充工具 中的"均匀填充"填充为红色(参数为 C:0、M:100、Y:100、K:0),完成后单击"确定"按钮,如图 7-51(b)所示。

(a)   (b)

图 7-50 绘制正五角形

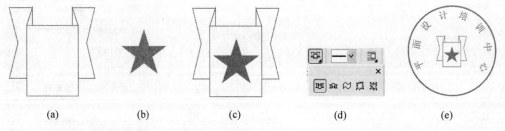

(a)   (b)   (c)   (d)   (e)

图 7-51 使用"完美形状"与正五角形、路径文字组合

在工具箱中选取标题形状工具 ,如图 7-50(b)所示,在工具属性栏中选取"完美形状" ,在下拉菜单中选择第一个形状,如图 7-51(d)所示,绘制出一个正标题形状,同时将轮廓线填充为红色,如图 7-51(a)所示。将图 7-51(b)和图 7-51(a)按照适当的比例组合成图 7-51(c)所示的样子,将图 7-51(c)置入图 7-49(d)中,如图 7-51(e)所示。具体的

方法是：执行"排列"→"对齐和分布"→"水平居中对齐"命令。

加一个背景，"平面设计培训中心"公章就设计好了，如图 7-52 所示。

图 7-52 添加背景

7.5 案例五："2010"精美数字设计

"2010"精美数字设计效果如图 7-53 所示。

7.5.1 "2010"精美数字设计使用工具及其设计主题组件

图 7-53 "2010"精美数字设计效果

1. 主要使用的工具及菜单命令

（1）主要使用的工具有：挑选工具、形状工具、轮廓工具、文字工具、字体工具、字号工具、填充工具（均匀填充、渐变填充）等。

（2）主要使用的菜单命令有：

① "排列"→"转换为曲线"。

② "编辑"→"复制"/"粘贴"。

③ "排列"→"群组"。

④ "排列"→"取消群组"。

⑤ "排列"→"打散曲线"。

⑥ "排列"→"结合"。

⑦ "排列"→"顺序"。"顺序"命令又包括：

• 到页前面、到页后面；

• 到图层前面、到图层后面、向前一层、向后一层；

• 置于此对象前、置于此对象后。

2. 设计主题组件分析

"2010"精美数字设计主题主要组件由"2010"的数字部分、背景部分组成。

135

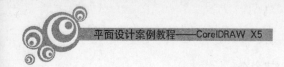

7.5.2 "2010"精美数字设计制作过程

（1）在工具箱中选取文本工具▣，输入数字"2010"，分别在工具属性栏中将"2010"的字体设置为 Arial，字号为 24pt，如图 7-54(a)所示，并将其转换为曲线（执行"排列"→"转换为曲线"命令），这个时候"2010"由文字转换为图形或者说是一个曲线，就可以随意地对它进行编辑修改来达到设计的要求。同时把曲线图形转换为线框，执行"填充工具"下面的子工具"无"填充，如图 7-54(b)所示。

注意：把曲线图形转换为线框的目的是节点非常清晰，方便对曲线图形编辑修改。

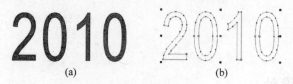

图 7-54 输入数字"2010"转换为曲线

用形状工具▣将曲线（见图 7-54(b)）选中，执行"排列"→"打散曲线"命令，这样就把一个连在一起的曲线分解了，可以针对单个字母随意地进行编辑修改，如图 7-55 所示。

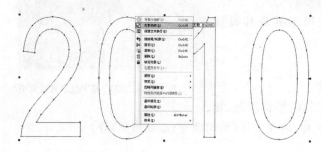

图 7-55 "打散曲线"编辑数字

（2）这一步主要是将"2010"中单个数字设计成想要的形状。具体方法如下：

① 选中数字"2"曲线，在工具箱中选取形状工具▣，单击鼠标右键，通过拖动节点或增加、删除节点或者编辑调节杆的长短、方向的方法编辑成想要的形状。这里选中图 7-56(a)中蓝色的节点将其删除，如图 7-56(b)所示，再调节带有箭头的调节杆，依次编辑成如图 7-56(c)、图 7-56(d)和图 7-56(e)所示的样子，最后微调一下就得到了想要的形状，如图 7-56(f)所示。

② 选中数字"0"曲线，如图 7-57(a)所示，将其旋转 291.7°，如图 7-57(b)所示。在工具箱中选取形状工具▣，选中要打散的两个蓝色的节点，如图 7-57(c)所示，接着单击鼠标右键，从弹出的快捷菜单中选择"打散"命令。执行"打散"命令后，曲线的节点由原来闭合时的一个转换成方向相反的各两个"三角"节点，如图 7-58(a)所示。在打散曲线的一端将两个相反方向的节点重叠，如图 7-58(b)所示，分别选中两个重叠的节点，单击鼠标右键，从弹出的快捷菜单中选择"自动闭合"命令，如图 7-58(c)所示。

通过拖动节点或增加、删除节点或者编辑调节杆的长短、方向的方法编辑成想要的

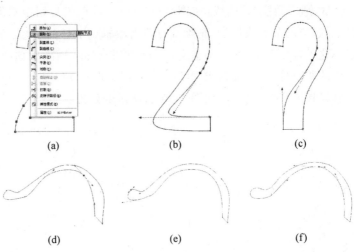

(a)　　　　　　　　　(b)　　　　　　　　　(c)

(d)　　　　　　　　　(e)　　　　　　　　　(f)

图 7-56　编辑数字"2"

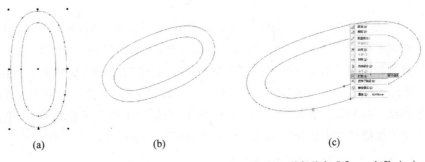

(a)　　　　　　　　　(b)　　　　　　　　　(c)

图 7-57　编辑数字"0"——打散（一）

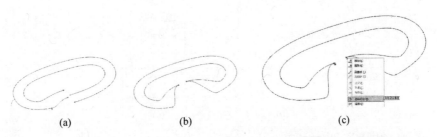

(a)　　　　　　　　　(b)　　　　　　　　　(c)

图 7-58　编辑数字"0"——自动闭合（一）

形状。调节带有箭头的调节杆,依次编辑成如图 7-59(a)、图 7-59(b)和图 7-59(c)所示的图形,最后微调一下就得到了想要的形状,如图 7-59(d)所示。

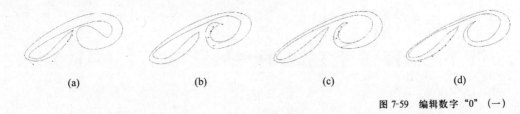

(a)　　　　　　　(b)　　　　　　　(c)　　　　　　　(d)

图 7-59　编辑数字"0"（一）

137

③ 选中数字"1"曲线,如图 7-60(a)所示,在工具箱中选取形状工具 ,单击鼠标右键,通过拖动节点或增加、删除节点或者编辑调节杆的长短、方向的方法编辑成想要的形状。这里选中图 7-60(a)中蓝色的节点将其删除,删除后如图 7-60(b)所示,再调节带有箭头的调节杆,依次编辑成图 7-60(c)、图 7-60(d)和图 7-60(e)所示的形状,最后微调一下就得到了想要的形状,如图 7-60(f)所示的效果。

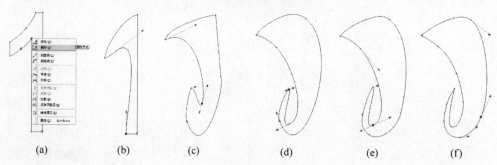

| (a) | (b) | (c) | (d) | (e) | (f) |

图 7-60　编辑数字"1"

④ 选中数字"0"曲线,如图 7-61(a)所示,将其上下压缩,如图 7-61(b)所示,在工具箱中选取形状工具 ,选中要打散的两个蓝色节点,如图 7-61(c)所示,接着单击鼠标右键,从弹出的快捷菜单中选择"打散"命令。执行"打散"命令后,曲线的节点由原来闭合时的一个转换成方向相反的各两个"三角"节点,如图 7-62(a)所示。在打散曲线的一端将两个相反方向的节点重叠,如图 7-62(b)所示,分别选中两个重叠的节点,单击鼠标右键,从弹出的快捷菜单中选择"自动闭合"命令,如图 7-62(c)所示。

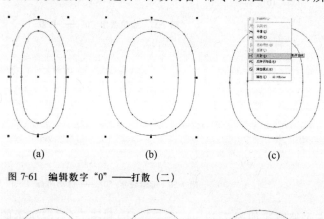

| (a) | (b) | (c) |

图 7-61　编辑数字"0"——打散(二)

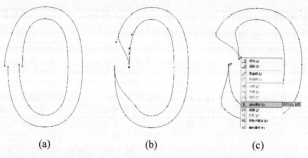

| (a) | (b) | (c) |

图 7-62　编辑数字"0"——自动闭合(二)

通过拖动节点或增加、删除节点或者编辑调节杆的长短、方向的方法编辑成想要的形状。调节带有箭头的调节杆，依次编辑成如图 7-63(a)、图 7-63(b) 和图 7-63(c) 所示的形状，最后微调一下就得到了想要的形状，如图 7-63(d) 所示。

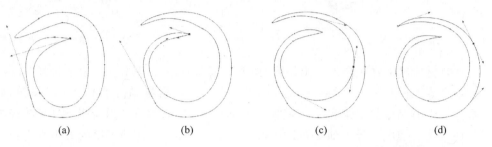

(a)　　　　　　　(b)　　　　　　　(c)　　　　　　　(d)

图 7-63　编辑数字"0"（二）

把设计好的"2010"曲线（见图 7-64(a)、图 7-64(b)、图 7-64(c) 和图 7-64(d)）按适当的比例组合成如图 7-64(e) 所示的样子，这样一组精美的数字造型"2010"就设计好了。

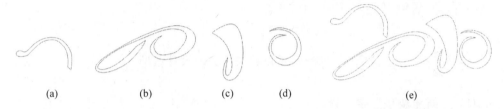

(a)　　　　　(b)　　　　　(c)　　　　　(d)　　　　　(e)

图 7-64　编辑好的"2010"各组件组合

在工具箱中选取填充工具 ◈ ，执行"渐变填充"命令，弹出"渐变填充"对话框，如图 7-65(b) 所示，参数设置为"类型：圆锥；中心位移：'水平'和'垂直'均为 0；选项：'角度'为 −90；颜色调和：选择'自定义'单选按钮"，选取所需要的颜色，完成后单击"确定"按钮，如图 7-65(a) 所示。

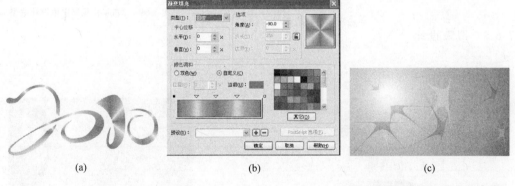

(a)　　　　　　　　　(b)　　　　　　　　　(c)

图 7-65　编辑好的"2010"填色

将如图 7-65(a) 所示图形复制 1 个，并使用填充工具 ◈ 中的"均匀填充"填充为黑色（参数为 C：0、M：0、Y：0、K：100），完成后单击"确定"按钮，如图 7-66 所示。将图 7-65(a) 和图 7-66 错位组合成如图 7-67 所示的样子，就形成了一个投影的效果。

图 7-66　更换"2010"颜色

图 7-67　错位组合产生投影效果

从教材素材文件包导入一个位图,如图 7-65(c)所示。具体方法是:选择"文件"→"导入"命令,弹出"导入"对话框,选中位图素材"背景-素材"后,单击"导入"按钮,此时鼠标变成带有刻度的三角和一些参数的图标(如),直接在工作区拖动,就会轻松地将位图"背景-素材"导入到 CorelDRAW X5 的工作区中(拖动幅度的大小决定位图的大小)。

将图 7-67 和图 7-65(c)组合,漂亮的"2010"数字卡片就设计好了,如图 7-53 所示。

7.6　自学案例

学习了以上相关的工具和命令,可以解决相关的设计造型。

7.6.1　"新年快乐"字体设计

"新年快乐"字体设计效果如图 7-68 所示。

7.6.2　卡片的版式设计

卡片的版式设计效果如图 7-69 所示。

图 7-68　"新年快乐"字体设计效果

7.6.3　请柬设计

请柬设计效果如图 7-70 所示。

图 7-69　卡片的版式设计效果

图 7-70　请柬设计效果

小结

　　本章通过各种类型的字体与版式设计，使读者感受到了 CorelDRAW X5 对于文本的处理魅力。通过改变字体的结构和造型实现了完美的字体，实现了以字体为创意元素的标志设计、版式设计和文字特效设计。除文本特定工具外，其余的工具和命令在本章的案例中都在反复使用，这也是平常所说的要举一反三地熟练掌握常用工具和常用命令，然后通过各章节不同的案例学习特定工具的使用，来辅助我们更好地完成理想的设计。

第8章　不常用命令及特效图解

8.1　案例一：邮票设计

邮票设计效果如图 8-1 所示。

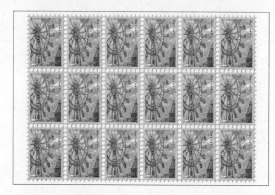

图 8-1　邮票设计效果

8.1.1　邮票设计使用工具及其设计主题组件

1. 主要使用的工具及菜单命令

（1）主要使用的工具有：挑选工具、填充工具、交互式调和工具、文字工具等。

（2）主要使用的菜单命令有：

① "排列"→"造型"。

② "编辑"→"复制"/"粘贴"。

③ "排列"→"群组"。

④ "排列"→"取消群组"。

⑤ "排列"→"导入"。

⑥ "排列"→"对齐和分布"（水平居中对齐）。

⑦ "排列"→"顺序"。"顺序"命令又包括：

• 到页前面、到页后面；

• 到图层前面、到图层后面、向前一层、向后一层；

• 置于此对象前、置于此对象后。

2. 设计主题组件分析

邮票设计主题组件主要由邮票的齿形、位图导入、输入文字等部分组成。

8.1.2 邮票设计过程

（1）在工具箱中选取矩形工具▢绘制一个矩形，宽为 65mm，高为 90mm，如图 8-2(a)所示；在工具箱中选取椭圆工具◯绘制一个圆，宽为 7mm，高为 7mm，如图 8-2(b)所示，分别将如图 8-2(b)所示圆复制 3 个，并放置在如图 8-2(a)所示矩形的 4 个角上，如图 8-2(c)所示。

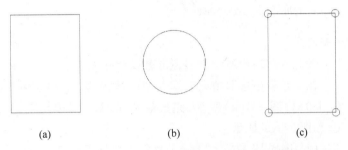

(a)　　　　　　　　(b)　　　　　　　　(c)

图 8-2　邮票设计——绘制锯齿轮廓的基本元素

在工具箱中选取交互式调和工具📄，分别将两个横向的小圆进行调和，同时在工具属性栏中将"步长或调和形状之间的偏移量"设置为 8，如图 8-3(a)所示，紧接着分别将两个纵向的小圆进行调和，同时在工具属性栏中将"步长或调和形状之间的偏移量"设置为 12，如图 8-3(b)所示，这样就会看到矩形被小圆包围。

使用挑选工具将小圆全部选中（只选择四周的小圆，不包括矩形），单击鼠标右键，从弹出的快捷菜单中选择"打散 8 元素的复合对象"命令或按 Ctrl＋K 组合键，如图 8-4 所示。

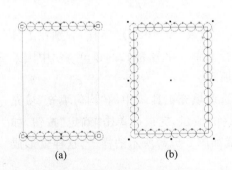

(a)　　　　　(b)

图 8-3　使用"交互式调和工具"

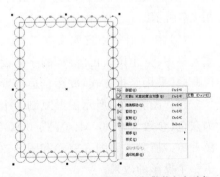

图 8-4　打散的复合对象

执行"排列"→"造型"命令，弹出"造型"泊坞窗口，如图 8-5(a)所示。在图 8-5(a)中选择"修剪"选项，同时选择"来源对象"和"目标对象"复选框，单击"修剪"按钮，当鼠标处于"修剪"状态▮时，单击被修剪的部分，也就是所选择的"目标对象"，如图 8-5(b)中选中的形状，将其移出，这样就可以得到想要的如图 8-5(c)所示的形状。

注意："修剪"命令是将两个"对象"中的一个"对象"的某一个部分修剪掉来获得想要

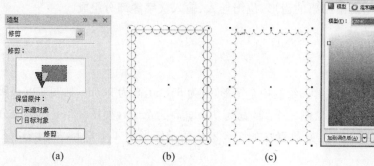

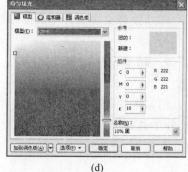

| (a) | (b) | (c) | (d) |

图 8-5 使用"修剪"命令、填色

的形状。

至此，第(1)步所绘制的齿形就设计好了。

在工具箱中选取填充工具◇中的"均匀填充"填充为灰色(参数为 C：0、M：0、Y：0、K：10)，如图 8-5(d)所示，完成后单击"确定"按钮，如图 8-6(a)所示。

(2) 选择"文件"→"导入"命令从教材素材文件包中导入一个"邮票-素材"位图，即在弹出"导入"对话框中，选中位图素材"邮票-素材"后，单击"导入"按钮，此时鼠标变成带有刻度的三角和一些参数的图标(如◥)，直接在工作区拖动，就会轻松地将位图"邮票-素材"导入到 CorelDRAW X5 的工作区中(拖动幅度的大小决定位图的大小)。

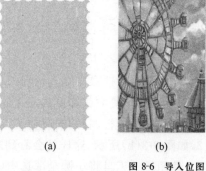

| (a) | (b) |

图 8-6 导入位图

缩放到一定大小(缩放时要配合 Shift 键进行等比例缩放，使画面缩放后不变形)，将图 8-6(a)和图 8-6(b)同时选中，执行"排列"→"对齐和分布"→"水平居中对齐"命令，如图 8-7 所示。

(3) 在工具箱中选取文本工具字，输入"中国人民邮政"和"100 分"字样，分别在工具属性栏中将"中国人民邮政"的字体设置为"文鼎中行书繁"，字号为 12.417pt，将"中国人民邮政"采用竖排方式，放在合适位置，如图 8-8(a)所示。

将如图 8-6(a)所示图形复制 1 个，在工具箱中选取填充工具◇中的"均匀填充"填充为灰色(参数为 C：0、M：0、Y：0、K：50)，如图 8-8(b)所示，完成后单击"确定"按钮，如图 8-9(a)所示。将图 8-9(a)和图 8-9(b)错位组合成如图 8-9(c)所示的样子，这样就形成了一个投影的效果。

将如图 8-9(c)所示图形复制若干，具体的方法是：将如图 8-9(c)所示图形向右平行移动到合适的位置，单击鼠标右键，释放后就会看到又复制了一个如图 8-9(c)所示图形，紧接着按 Ctrl＋D 组合键，横向连续操作 4 次，纵向也是一样，将横向的一组整体向下平行移动到合适的位置，单击一下鼠标右键，释放后，接着按 Ctrl＋D 组合键，操作 1 次，就会出现如图 8-1 所示的效果。当然，也可以一个一个地复制后将其一一对齐。使用上面的方法比较方便，还可以直接拖动被复制图形，单击鼠标右键复制，也可以选择"编辑"→

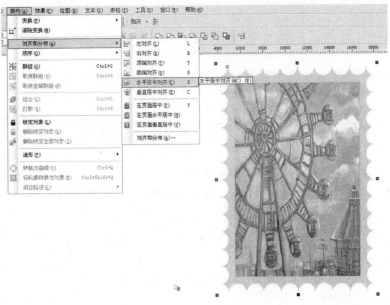

图 8-7　位图与锯齿背景组合

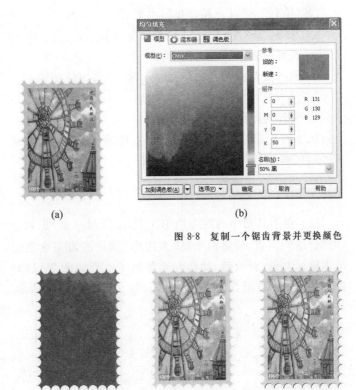

(a)　　　　　　　　　　　　　　　(b)

图 8-8　复制一个锯齿背景并更换颜色

(a)　　　　　　　　(b)　　　　　　　　(c)

图 8-9　产生投影效果

"复制"/"粘贴"命令,这样就把它排成了一个整版。

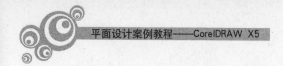

8.2 案例二：运动的足球设计

运动的足球设计效果如图 8-10 所示。

8.2.1 运动的足球设计使用工具及其设计主题组件

1. 主要使用的工具及菜单命令

（1）主要使用的工具有：挑选工具、填充工具、多边形工具、形状工具、矩形工具、椭圆工具等。

图 8-10 运动的足球设计效果

（2）主要使用的菜单命令有：

① "效果"→"透镜"。

② "编辑"→"复制"/"粘贴"。

③ "排列"→"群组"。

④ "排列"→"取消群组"。

⑤ "排列"→"对齐和分布"（水平居中对齐）。

⑥ "排列"→"顺序"。"顺序"命令又包括：

* 到页前面、到页后面；

* 到图层前面、到图层后面、向前一层、向后一层；

* 置于此对象前、置于此对象后。

2. 设计主题组件分析

运动的足球设计主题主要组件由足球球面和运动投影部分组成。

8.2.2 运动的足球设计过程

（1）在工具箱中选取多边形工具 绘制一个"正六边形"，将图 8-11（a）向右平行移动到合适的位置，要将两个"正六边形"重叠的边完全重合，如图 8-11（b）方框中的部分，单击鼠标右键，释放后，就会看到复制了一个如图 8-11（a）所示被选中的"正六边形"，紧接着按 Ctrl＋D 组合键，连续操作 4 次，如图 8-11（b）所示。

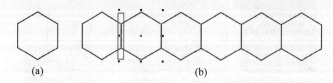

(a)　　　　　　　　　(b)

图 8-11 绘制"足球"基本元素（一）

将横向的第一组整体选中向下平行移动到合适的位置，要将两个"正六边形"重叠的边完全重合，如图 8-12 方框中的部分，单击鼠标右键，释放后，接着按 Ctrl＋D 组合键，连续操作 4 次，如图 8-13 所示。当然，也可以一个或一组地去复制后将其一一对齐，但是使用上面的方法比较方便。还可以直接拖动被复制图形,单击鼠标右键复制,也可以选择"编辑"→"复制"/"粘贴"命令。

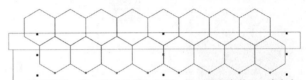

直接拖动一组"正六边形"与原一组"正六边形"一边完全重合后,单击鼠标右键,就会复制出一组"正六边形",紧接着按Ctrl+D键连续复制

图 8-12 绘制"足球"基本元素(二)

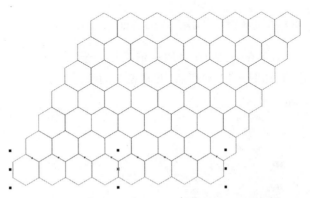

图 8-13 绘制"足球"基本元素(三)

将图 8-13 中多余的"正六边形"删除,留下一个由小"正六边形"组成的"正六边形",如图 8-14(a)所示。

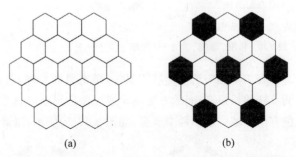

(a)   (b)

图 8-14 绘制"足球"基本元素(四)

在工具箱中选取填充工具 ，执行"均匀填充"命令,分别有间隔地将小"正六边形"填充为黑色(参数为 C：0、M：0、Y：0、K：100),如图 8-15(a)所示,完成后单击"确定"按钮,如图 8-14(b)所示的样子。

在工具箱中选取椭圆工具 绘制一个正圆,正圆只要能将图 8-14(b)圈起来即可,当然,为了好看也不要过大,如图 8-15(b)所示。

(2) 将图 8-15(b)全部选中,执行"效果"→"透镜"命令,弹出"透镜"泊坞窗口。在"透镜"泊坞窗口中选择"鱼眼"选项,比率为 125%,设置完成后单击"应用"按钮,如图 8-16(a)所示。完成后,一个漂亮的足球就设计好了,如图 8-16(b)所示。

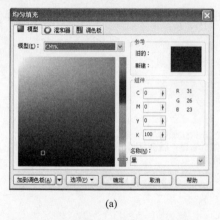

(a)   (b)

图 8-15　绘制正圆与"足球"基本元素组合

（3）在工具箱中选取矩形工具▯绘制一个矩形，高度与已经设计好的足球一致，长度适当，如图 8-17(a)所示，并转换为曲线。

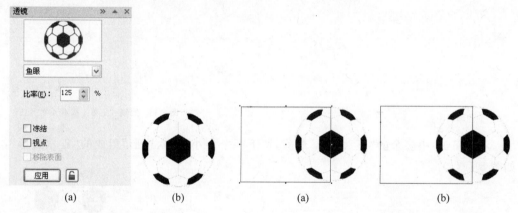

图 8-16　使用"透镜"命令——鱼眼　　　　　　　图 8-17　绘制足球运动轨迹轮廓（一）

在工具箱中选取形状工具▯，单击鼠标右键，通过拖动节点或增加、删除节点或者编辑调节杆的长短、方向的方法编辑成想要的形状。这里需要添加 3 个节点，如图 8-17(b)中蓝色方框区域。选中两个节点，如图 8-18(a)所示，接着拖动成如图 8-18(b)所示的样子。

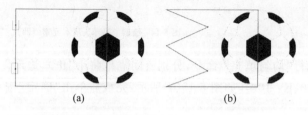

(a)   (b)

图 8-18　绘制足球运动轨迹轮廓（二）

在图 8-18(b)中再添加 6 个节点，如图 8-19(a)所示，添加好后，选中左边顶角的 3 个节点，接着向下拖动成如图 8-19(b)和图 8-19(c)所示的样子。

选中图 8-19(d)中的相关节点（添加的 6 个节点），单击鼠标右键，从弹出的快捷菜单中选择"到曲线"命令，执行结束后，单击鼠标右键，从弹出的快捷菜单中选择"删除"命令

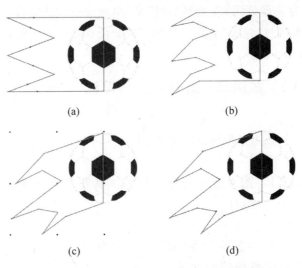

图 8-19 绘制足球运动轨迹轮廓（三）

（也可以按 Delete 键），进一步修改后就得到图 8-20 所示图形。

调节带有箭头的调节杆，依次编辑成如图 8-21(a)和图 8-21(b)所示的样子。

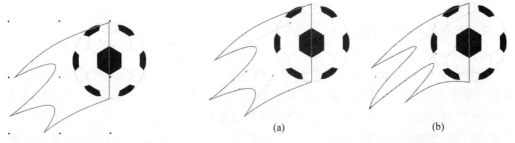

图 8-20 绘制足球运动轨迹轮廓（四）

图 8-21 编辑足球运动轨迹轮廓

最后微调一下就得到了想要的形状，并选择"排列"→"顺序"→"向后一层"命令，如图 8-22(a)所示的效果。在工具箱中选取填充工具，执行"渐变填充"命令，弹出"渐变填充"对话框，如图 8-22(b)所示，参数设置为"类型：线性；选项：'角度'为183.3，'边界'

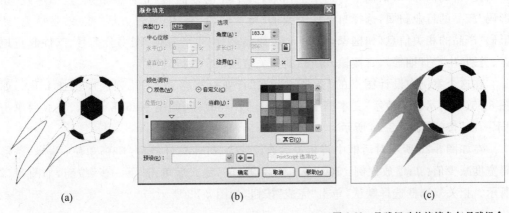

图 8-22 足球运动轨迹填色与足球组合

为 3；颜色调和：选择'自定义'单选按钮"，选取自己所需颜色，完成后单击"确定"按钮，并通过"轮廓"工具 ▨ 的"无"轮廓命令将红色的轮廓去掉，如图 8-22(c)所示。

8.3 案例三：图书条形码设计

图书条形码设计效果如图 8-23 所示。

8.3.1 图书条形码设计使用工具及其设计主题组件

图 8-23 图书条形码设计效果

1. 主要使用的工具及菜单命令

主要使用的菜单命令是"编辑"→"插入条形码"。

2. 设计主题组件分析

设计主题组件主要是图书条形码设计窗口的相关参数设置。

8.3.2 图书条形码设计过程

条形码(barcode)是将宽度不等的多个黑条和空白，按照一定的编码规则排列，用以表达一组信息的图形标识符。常见的条形码是由反射率相差很大的黑条(简称条)和白条(简称空)排成的平行线图案。条形码可以标出物品的生产国、制造厂家、商品名称、生产日期、图书分类号、邮件起止地点、类别、日期等许多信息，因而在商品流通、图书管理、邮政管理、银行系统等许多领域都得到了广泛的应用。

下面将条形码的设计方法做一个图解：在学习的 CorelDRAW X5 中附带"条形码"生成命令，打开 CorelDRAW X5，执行"编辑"→"插入条形码"命令，弹出"条码向导"对话框，如图 8-24 所示。

在"条码向导"对话框中有两个空白框，其中红色方框"行业标准格式"是指承载"条形码"产品的行业归属，选择自己所需要的"行业归属"格式；蓝色方框"数字"是承载"条形码"产品的相关信息(如国家、制造厂家、商品名称、生产日期、图书分类号、邮件起止地点、类别、生产日期等)，直接输入产品的相关信息数字代码即可。

在这个案例中设计图书的"条形码"，在"行业标准格式"下拉列表中选择 ISBN，如图 8-25(a)所示；在"数字"文本框中随便输入 123456789，如图 8-25(b)所示，完成后单击"下一步"按钮，如图 8-26 所示。

在如图 8-26 所示对话框中将相关参数设置为"打印机分辨率：300；单位：毫米；条形码宽度减少值：1；缩放比例：100；条形码高度：5"，完成后单击"下一步"按钮，如图 8-27 所示。相关复选框选择默认，单击"完成"按钮，如图 8-23 所示。

行业标准格式是指承载"条形码"产品的行业归属

数字是承载"条形码"产品的相关信息

图 8-24　"条码向导"对话框

(a)

(b)

图 8-25　"条码向导"对话框参数设置(一)

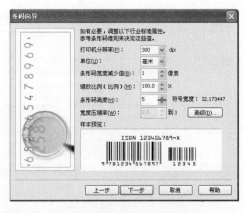

图 8-26　"条码向导"对话框参数设置(二)

图 8-27　"条码向导"对话框参数设置（三）

如果"数字"是承载"条形码"产品的相关信息（如国家、制造厂家、商品名称、生产日期、图书分类号、邮件起止地点、类别、生产日期等），在前一个文本框中的 9 个数字不能全部反映出来，可以在图 8-28 中"条形码新增部分"方框中直接输入产品的新增相关信息数字代码，如输入 55555，完成后单击"下一步"按钮，如图 8-29 所示。

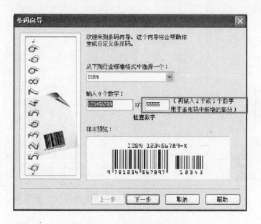

图 8-28　"条码向导"对话框参数设置（四）

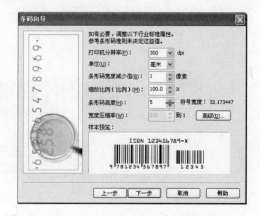

图 8-29　"条码向导"对话框参数设置（五）

在如图 8-29 所示对话框中将相关参数设置为"打印机分辨率：300；单位：毫米；条形码宽度减少值：1；缩放比例：100；条形码高度：5"，完成后单击"下一步"按钮，如图 8-30 所示。相关复选框选择默认，单击"完成"按钮，如图 8-23 所示。

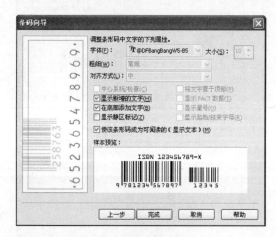

图 8-30　"条码向导"对话框参数设置（六）

8.4　案例四：系列图案设计

系列图案设计效果如图 8-31 所示。

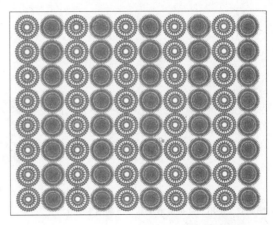

图 8-31 系列图案设计效果

8.4.1 系列图案设计使用工具及其设计主题组件

1. 主要使用的工具及菜单命令

(1) 主要使用的工具有：多边形工具、复杂星形工具、填充工具（均匀填充）等。

(2) 主要使用的菜单命令有：

① "编辑"→"复制"/"粘贴"。

② "排列"→"群组"。

③ "排列"→"取消群组"。

④ "排列"→"对齐和分布"（水平居中对齐）。

⑤ "排列"→"顺序"。"顺序"命令又包括：

• 到页前面、到页后面；

• 到图层前面、到图层后面、向前一层、向后一层；

• 置于此对象前、置于此对象后。

2. 设计主题组件分析

图案设计主题主要组件由多边形造型变化部分组成。

8.4.2 系列图案设计过程

1. 图案设计（一）

在工具箱中选取"复杂星形"工具 绘制一个正复杂星形（绘制正复杂星形要配合 Ctrl 键），如图 8-32(a)所示，在"复杂星形工具"属性栏中将"多边形、星形和复杂星形边数或点数"设置为 20，将"星形和复杂星形的锐度"设置为 7，就会得到想要的图案，如图 8-32(b)所示。

在工具箱中选取"填充"工具 ，执行"均匀填充"命令，将如图 8-32(b)所示图形填充为绿色（参数为 C：100、M：0、Y：100、K：0），如图 8-33(b)所示，完成后单击"确定"按钮，漂亮的图案就设计好了，如图 8-33(a)所示。

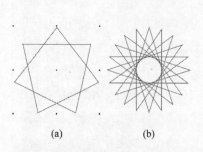

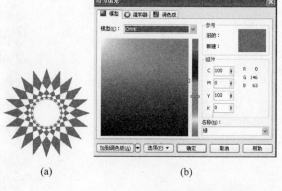

(a)　　　　　　　(b)

图 8-32　使用"复杂星形工具"绘制图案
　　　　轮廓（一）

(a)　　　　　　　(b)

图 8-33　图案填充颜色（一）

2. 图案设计（二）

在工具箱中选取"复杂星形"工具 ⚙ 绘制一个正复杂星形，如图 8-34（a）所示，在"复杂星形"工具属性栏中将"多边形、星形和复杂星形边数或点数"设置为 50，将"星形和复杂星形的锐度"设置为 20，就会得到想要的图案，如图 8-34（b）所示。

在工具箱中选取"填充"工具 ◈ ，执行"均匀填充"命令，将如图 8-34（b）所示图形填充为绿色（参数为 C：100、M：0、Y：100、K：0），如图 8-35（b）所示，完成后单击"确定"按钮，漂亮的图案就设计好了，如图 8-35（a）所示。

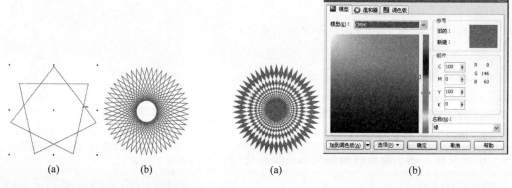

(a)　　　　　　　(b)

图 8-34　使用"复杂星形工具"绘制图案
　　　　轮廓（二）

(a)　　　　　　　(b)

图 8-35　图案填充颜色（二）

3. 图案设计（三）

在工具箱中选取"复杂星形"工具 ⚙ 绘制一个正复杂星形，如图 8-36（a）所示，在"复杂星形"工具属性栏中将"多边形、星形和复杂星形边数或点数"设置为 33，将"星形和复杂星形的锐度"设置为 7，就会得到想要的图案，如图 8-36（b）所示。

在工具箱中选取"填充"工具 ◈ ，执行"均匀填充"命令，将如图 8-36（b）所示图形填充为绿色（参数为 C：100、M：0、Y：100、K：0），如图 8-37（b）所示，完成后单击"确定"按钮，漂亮的图案就设计好了，如图 8-37（a）所示。

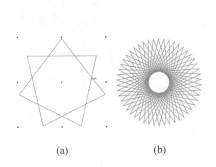

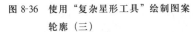

(a)　　　　　(b)

图 8-36　使用"复杂星形工具"绘制图案
轮廓（三）

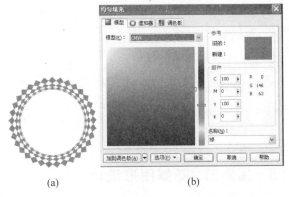

(a)　　　　　(b)

图 8-37　图案填充颜色（三）

通过图案设计(一)、(二)、(三)所设计的图案分别如图 8-38(a)、图 8-38(b)、图 8-38(c)所示,可以看出图案层次的变化取决于"多边形、星形和复杂星形边数或点数"和"星形和复杂星形的锐度",在设计过程中可以根据需要设计自己喜欢的精美图案。

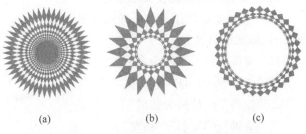

(a)　　　　　(b)　　　　　(c)

图 8-38　组合新图案（一）

还可以利用图案空白的变化组合新的图案,例如将前面设计好的如图 8-39(a)和图 8-39(b)所示图案按适当的比例组合,就会得到新的精美图案,如图 8-39(c)所示。

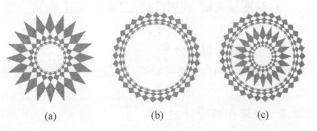

(a)　　　　　(b)　　　　　(c)

图 8-39　组合新图案（二）

将图 8-39(c)和图 8-38(a)排列,如图 8-40 和图 8-41 所示,并复制若干。具体的方法是：将图 8-40 和图 8-41 向右平行移动到合适的位置,单击一下鼠标右键,释放后就会看到又复制了一个,紧接着按 Ctrl＋D 组合键,横向连续操作 3 次,纵向也是一样,将横向的一组整体向下平行移动到合适的位置,单击一下鼠标右键,释放后,接着按 Ctrl＋D 组合键,操作 6 次,就会出现如图 8-31 所示的效果。这样就可以把它排成一个整体,可能是一块布、一块布桌巾等,总之在自己设计的过程中此方法可以灵活应用。

图 8-40 组合新图案（三）

图 8-41 组合新图案（四）

8.5 案例五：花瓣图形设计

花瓣图形设计效果如图 8-42 所示。

8.5.1 花瓣图形设计使用工具及其设计主题组件

1. 主要使用的工具及菜单命令

（1）主要使用的工具有：椭圆工具、矩形工具、形状工具、填充工具等。

图 8-42 花瓣图形设计效果（一）

（2）主要使用的菜单命令有：

① "变换"（Alt＋F8 组合键）。

② "排列"→"转换为曲线"

③ "编辑"→"复制"/"粘贴"。

④ "排列"→"对齐和分布"（水平居中对齐）。

⑤ "排列"→"顺序"。"顺序"命令又包括：

- 到页前面、到页后面；
- 到图层前面、到图层后面、向前一层、向后一层；
- 置于此对象前、置于此对象后。

2. 设计主题组件分析

花瓣图形设计主题主要组件由花瓣形状造型变化部分组成。

8.5.2 花瓣图形设计过程

"变换"泊坞窗口图解：按 Alt＋F8 组合键，弹出"变换"泊坞窗口。其中"旋转"的"角度"指的是"复制对象偏移的角度"，"中心"的"水平"和"垂直"指的是"复制对象位移的距离"，"相对中心"指的是"复制对象'圆心' ⊙ 的位置"，设置好以上相关参数后直接单击"应用到再制"按钮，单击"应用到再制"按钮的次数决定围绕"相对中心"复制偏移对象的数量，如图 8-43 所示。

1. 花瓣图形设计（一）

在工具箱中选取"椭圆"工具 ⊙ 绘制一个椭圆，如图 8-44（a）所示。在工具箱中选取

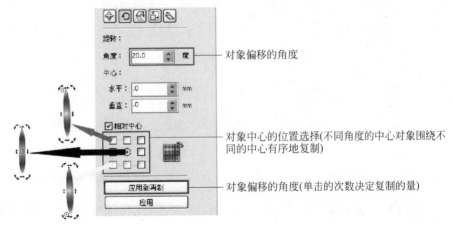

对象偏移的角度

对象中心的位置选择(不同角度的中心对象围绕不同的中心有序地复制)

对象偏移的角度(单击的次数决定复制的量)

图 8-43 变换命令面板图解

"填充"工具 ◇,执行"渐变填充"命令,弹出"渐变填充"对话框,如图 8-44(d)所示,参数设置为"类型:射线;中心位移:'水平'为—5,'垂直'为 2;选项:'边界'为 0;颜色调和:选择'自定义'单选按钮",选取所需要的颜色,完成后单击"确定"按钮,如图 8-44(b)所示。切换到"挑选"工具,单击后就会出现"圆心" ⊙,可以随便移动,如图 8-44(c)所示。

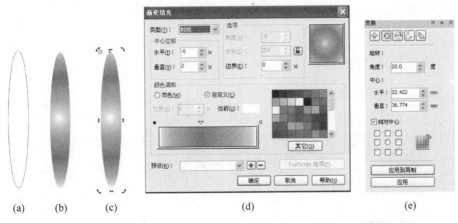

图 8-44 绘制花瓣轮廓并填色(一)

注意: "圆心" ⊙ 的位置决定所绘制对象变化的轨迹。

绘制好"基本对象"后,按 Alt+F8 组合键,弹出"变换"泊坞窗口。其中"旋转"的"角度"为 20°,"中心"的"水平"和"垂直"不需要设置(图形放大,参数也跟着变大);选中"相对中心"复选框,因为在图 8-44(c)中设置好了"圆心" ⊙ 的位置,所以这里不再做选择,设置好以上相关参数后直接单击"应用到再制"按钮,如图 8-44(e)所示。由于单击"应用到再制"按钮的次数决定围绕"相对中心"复制偏移对象的数量,因此,只要连续单击"应用到再制"按钮就会出现如图 8-45(a)和图 8-45(b)所示的效果,这样一朵漂亮的花就绘制好了。

2. 花瓣图形设计(二)

掌握了以上方法,只要调整"对象"(可以是任何形状)角度。在这个案例中将椭圆旋

157

转 46.5°,如图 8-46(a)所示,也可以直接将图 8-44(b)复制并旋转 46.5°,总之,结果都是一样的,填充的颜色与案例(一)一样,如图 8-46(b)所示。

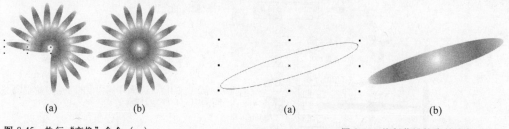

图 8-45　执行"变换"命令（一）　　　　　　　　　　　图 8-46　绘制花瓣轮廓并填色（二）

绘制好"基本对象"后,按 Alt＋F8 组合键,弹出"变换"泊坞窗口。其中"旋转"的"角度"为 20°,"中心"的"水平"和"垂直"不需要设置。设置好以上相关参数后直接单击"应用到再制"按钮,如图 8-47(a)所示。由于单击"应用到再制"按钮的次数决定围绕"相对中心"复制偏移对象的数量,因此,只要连续单击"应用到再制"按钮就会出现如图 8-47(b)和图 8-47(c)所示的效果,这样一朵漂亮的花就绘制好了。

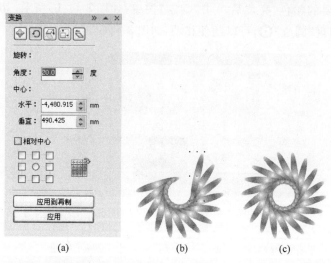

(a)　　　　　　　　　(b)　　　　　　　(c)

图 8-47　执行"变换"命令（二）

3. 花瓣图形设计（三）

在工具箱中选取"矩形"工具□绘制一个矩形(可以是任意形状),如图 8-48(a)所示,并转换为曲线(执行"排列"→"转换为曲线"命令)。用"形状"工具通过增加或删除节点的方法编辑成想要的形状,如图 8-48(b)所示,同时旋转 59.9°,如图 8-48(c)所示。

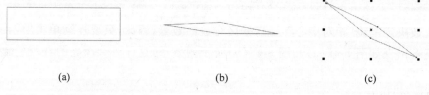

(a)　　　　　　　　　　　(b)　　　　　　　　　　(c)

图 8-48　绘制花瓣轮廓并填色（三）

在工具箱中选取"填充"工具，执行"渐变填充"命令，弹出"渐变填充"对话框，如图 8-49(a)所示，参数设置为"类型：线性；选项：'角度'为 360，'边界'为 42；颜色调和：选择'自定义'单选按钮"，选取所需要颜色，完成后单击"确定"按钮，如图 8-49(b)所示。

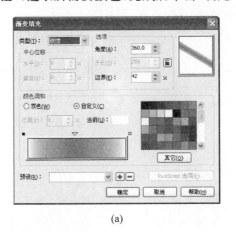
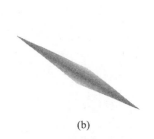

(a)　　　　　　　　　　　　(b)

图 8-49　花瓣填色

　　绘制好"基本对象"后，按 Alt+F8 组合键，弹出"变换"泊坞窗口。其中"旋转"的"角度"为 15°，"中心"的"水平"和"垂直"不需要设置；选中"相对中心"复选框。设置好以上相关参数后直接单击"应用到再制"按钮，如图 8-50(a)所示。由于单击"应用到再制"按钮的次数决定围绕"相对中心"复制偏移对象的数量，因此，只要连续单击"应用到再制"按钮就会出现如图 8-50(b)和图 8-50(c)所示的效果，这样一朵漂亮的花就绘制好了。

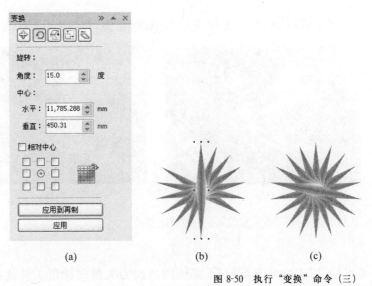

(a)　　　　　　　(b)　　　　　　　(c)

图 8-50　执行"变换"命令（三）

4. 花瓣图形设计（四）

　　掌握了以上方法，只要调整相关参数就可以得到想要的图形。选中绘制好的"基本对象"后，按 Alt+F8 组合键，弹出"变换"泊坞窗口。其中"旋转"的"角度"为 15°，"中心"

的"水平"和"垂直"不需要设置。设置好以上相关参数后直接单击"应用到再制"按钮,如图 8-51(a)所示。由于单击"应用到再制"按钮的次数决定围绕"相对中心"复制偏移对象的数量,因此,只要连续单击"应用到再制"按钮就会出现如图 8-51(b)和图 8-51(c)所示的效果,这样一朵漂亮的花就绘制好了。

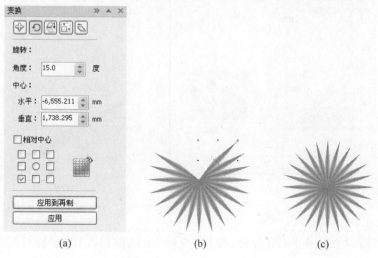

(a)   (b)   (c)

图 8-51　执行"变换"命令(四)

8.6　案例六:用 CorelDRAW X5 将位图转换为矢量图

图 8-52(a)和图 8-52(b)分别是原图(位图)和转换后的矢量图。

(a)   (b)

图 8-52　用 CorelDRAW X5 将位图转换为矢量图

8.6.1　用 CorelDRAW X5 将位图转换为矢量图使用工具及其设计主题组件

1. 主要使用的工具及菜单命令

(1)主要使用的工具有挑选工具。

(2)主要使用的菜单命令有:

① "文件"→"导入"。

② "排列"→"群组"。

③ "排列"→"取消群组"。

④ "位图"→"轮廓描摹"→"高质量图像"。

2. 设计主题组件分析

用 CorelDRAW X5 将位图转换为矢量图设计主题主要组件由位图素材"鹰"组成。

8.6.2 用 CorelDRAW X5 将位图转换为矢量图的过程

设计师在做设计的时候有时候要将位图(也就是点阵图)转换为矢量图(也就是由若干对象组成的图)。每个设计师都能拿着鼠标凭着想象直接在 CorelDRAW X5 中画出自己想要的图形,有时候需要将一些手绘的草图,或是将一些图片素材导入到 CorelDRAW X5 中,用"描摹工具"按照中心、轮廓等不同的需要把位图描绘出来,近而转换为矢量图。下面将一些具体的方法做一图解:

选择"文件"→"导入"命令,从教材素材文件包中导入一个"鹰-素材"位图,即在弹出的"导入"对话框中,选中位图素材"鹰"后,单击"导入"按钮,如图 8-53(b)所示,此时鼠标变成带有刻度的三角和一些参数的图标(如),直接在工作区拖动,就会轻松地将位图素材"鹰"导入到 CorelDRAW X5 的工作区中。

(a)   (b)

图 8-53 导入位图

选中位图素材"鹰",执行"位图"→"轮廓描摹"→"高质量图像"命令,如图 8-54(a)和图 8-54(b)所示。也可以直接单击鼠标右键,从弹出的快捷菜单中选择"轮廓描摹"→"高质量图像"命令,如图 8-55 所示。

弹出 PowerTRACE 窗口,如有需要可以调整里面的参数,这里采用系统默认值即

(a)　　　　　　　　　　　　(b)

图 8-54　执行描摹位图命令

图 8-55　描摹前的位图

可,上边的是原图,下面是描摹后的图像,完成后单击"确定"按钮,如图 8-56 所示。

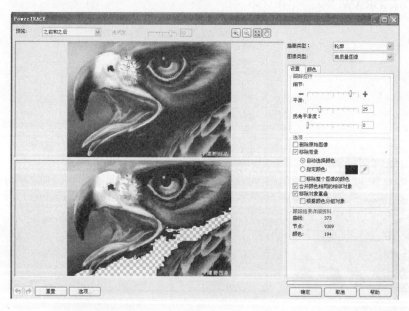

图 8-56　描摹位图参数设置

描摹后的图像如图 8-57 所示,根据色彩的不同已经变成了一块一块的,单击鼠标右键,从弹出的快捷菜单中选择"取消群组"命令,如图 8-58 所示。完成后,位图素材"鹰"上面布满了节点,这个时候位图素材"鹰"就完全转换为了矢量图,如图 8-59 所示,这样位图素材"鹰"就描摹好了,如图 8-60 所示。

图 8-57　描摹后的位图

图 8-58　执行"取消群组"命令

图 8-59　位图已转换为矢量图

图 8-60　矢量图

8.7　自学案例

掌握以上包装设计的方法，可以解决不同类型、不同造型、不同图形的包装以及包装效果图设计。

8.7.1　花瓣图形设计

花瓣图形设计效果如图 8-61 所示。

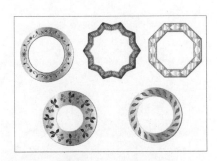

图 8-61　花瓣图形设计效果（二）

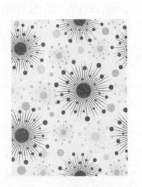

图 8-62　布料图案设计效果

8.7.2 布料图案设计

布料图案设计效果如图 8-62 所示。

8.7.3 向日葵的花瓣插图设计

向日葵的花瓣插图设计效果如图 8-63 所示。

图 8-63　向日葵的花瓣插图设计效果　　　　图 8-64　利用"鱼眼特效"的相关图形设计效果

8.7.4 利用"鱼眼特效"的相关图形设计

利用"鱼眼特效"的相关图形设计效果如图 8-64 所示。

小结

本章主要对一些不常用命令进行讲解，通过各种类型的特效设计，使我们感受到 CorelDRAW X5 对于处理特殊图形图像的魅力。学习完本章的案例后就会发现，对于 CorelDRAW X5 软件的使用提升到了一个新的高度，从基本掌握到熟练运用，从熟练运用到精通掌握。

第 9 章 关于 CorelDRAW X5 图形图像文件

9.1 CorelDRAW X5 图形图像文件导入 Photoshop 格式文件的方法

CorelDRAW X5 和 Photoshop 是广大设计师非常喜欢的设计软件,两种不同类型的设计软件,在处理图形、图像上具有各自的优势,如果能将两种不同类型的设计软件结合起来使用,做到优势互补、互导使用,对于设计师来说更是如虎添翼了。因此,这两款不同类型的设计软件一直以来受到广大设计师或者是设计软件爱好者的青睐。

CorelDRAW X5 是矢量图形处理的设计软件,而 Photoshop 是位图图形处理的设计软件,二者均属于平面图形、图像设计软件,将两款不同类型的设计软件结合起来使用,充分发挥设计师的想象力和创造力,就可以设计出美丽而神奇的图形、图像。

9.1.1 矢量图形转换为位图图形(点阵图)

两种方法详解如下:

方法(一):在 CorelDRAW X5 中选取相应的对象,执行"编辑"→"复制"命令,如图 9-1 所示,在 Photoshop 中新建一个文档,将选中的对象粘贴上去,如图 9-2 所示,这是最简便的方法,简称"剪贴板法"。

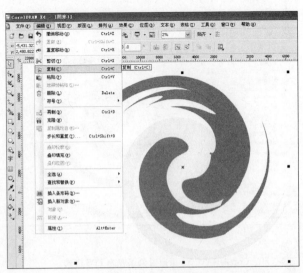

图 9-1 在 CorelDRAW X5 中"复制"对象

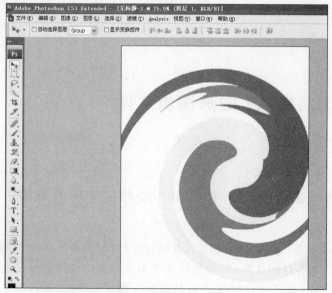

图 9-2　将对象 "粘贴" 到 Photoshop 中

　　这种方法的特点是简便易用,不用生成中间文件。缺点是图像质量差,由于是由剪贴板进行转换,因此图像较粗糙,没有消锯齿效果,是一种不提倡的方法。

　　方法（二）：在 CorelDRAW X5 中选择 "文件"→"导出" 命令,将图形 "导出"（有些版本叫 "输出"）为 EPS 格式,具体方法如图 9-3 和图 9-4 所示,将 EPS 格式的文件保存在计算机中。将 CorelDRAW X5 的矢量图形输出为位图（即点阵图）,在 Photoshop 中选择 "文件"→"置入" 命令,如图 9-5 和图 9-6 所示,通过上述操作来达到由矢量图向位图的转换,简称 "存储为 EPS 格式文件法"。

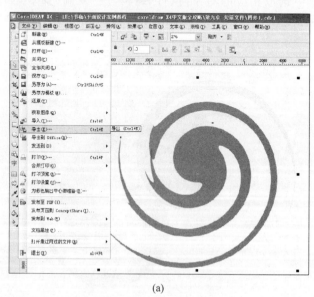

(a)

存储类型选择 "EPS"

排序类型选择 "位图"

(b)

图 9-3　在 CorelDRAW X5 中把对象保存为 EPS 格式

图 9-4　保存为 EPS 格式选项设置

(a)

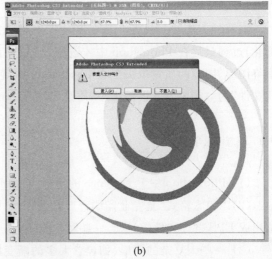

(b)

图 9-5　在 Photoshop 中打开 EPS 格式文件

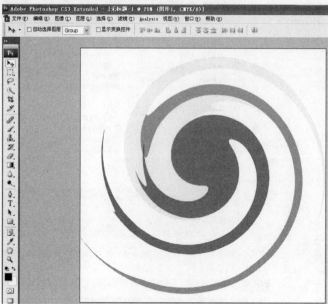

图 9-6 在 Photoshop 中打开后的 EPS 格式文件

将矢量图(见图 9-7)和位图(见图 9-8)做比较,两种格式的图形质量效果完全一样。

图 9-7 矢量图

图 9-8 位图

这两种方法的主要优点是输出为 EPS 格式的文件,图形仍是矢量图形,Rasterize(光栅化)过程最后在 Photoshop 中才进行,所以输出过程和最终图形、图像的分辨率无关,最终图形、图像的质量取决于在 Photoshop 中置入的图档的分辨率。而"存储为 EPS 格式文件"的方法则不管图像大小,质量仍然和 CorelDRAW X5 矢量图形一样。

9.1.2 注意事项

(1) Photoshop 中 Preference 的选项 Anti-alias PostScript 应该选取。

(2)"EPS格式"是专业印刷行业的通用格式,所以其内部色彩是用 CMYK 格式,在输出成 EPS 格式文件的过程,一些超出 CMYK 色域的色彩会被转换。

(3)一些太复杂的图形(如包含太多的渐变填充)在转换过程中容易出错。

总之,在对图像要求不高时,可使用简便快捷的"剪贴板法"或"点阵图法";在对图形、图像要求较高质量(如制作印刷稿)时,可使用"存储为 EPS 格式文件"法,以达到较高的图形、图像质量,确保印刷物的清晰度。

CorelDRAW X5 向 Photoshop 导出矢量图还有另外一种格式,即"AI 格式",因为 Photoshop 和 Illustrator 都是 Adobe 公司开发的设计软件,这两个软件是相互兼容的。"EPS 格式"能保存图案中的位图和矢量图对象,并且很多软件都接受"EPS 格式";而"AI 格式"支持的软件不多。导出"AI 格式"的方法与"EPS 格式"基本相同。

注意:应正确选择 Illustrator 的版本号,否则在 Photoshop 中不能正确导入。

9.2　CorelDRAW X5 将文字转换为曲线的三种方法

CorelDRAW X5 将文字转换为曲线的主要意义在于确保设计师在设计稿件中运用的文字的字体、字号、文本格式在其他计算机中打开后防止出现字体、字号、文本格式发生改变或出现误差,所采取的将文字通过转换为曲线后,使文字不再具有文字的属性。通俗点讲,就是通过转换为曲线将文字转换成了图形,是每个设计师在完成设计稿件后都必须做的事情。

注意:在将文字通过转换为曲线之前一定要在自己的计算机中保留没有被转换为曲线的设计稿件,防止设计稿件在二次修改时使用。

CorelDRAW X5 将文字转换为曲线的三种方法详解如下:

方法(一):在 CorelDRAW X5 中输入一段文字,选中文字后单击鼠标右键,从弹出的快捷菜单中选择"转换为曲线"命令,如图 9-9 所示。

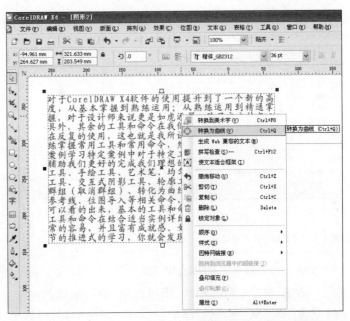

图 9-9　执行"转换为曲线"命令

方法(二):在 CorelDRAW X5 中输入一段文字,选中文字后执行"文件"→"打印"命令,或者按 Ctrl+P 组合键,弹出"打印"对话框,如图 9-10 所示。

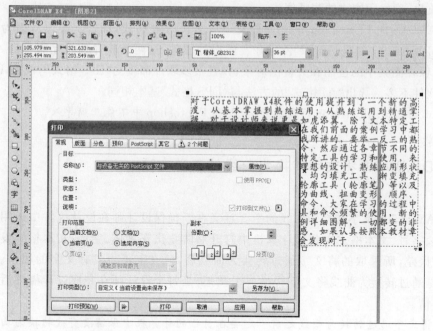

图 9-10 "打印"对话框

设置"名称"和"打印范围",如图 9-11(a)所示。设置完成后,单击"打印"按钮,弹出"打印到文件"对话框,如图 9-11(b)所示,保存成一个 PostScript 文件,打开保存好的文件,选择曲线输入即可。

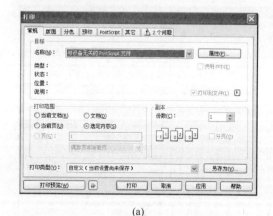

(a)   (b)

图 9-11 "打印"设置对话框

方法(三):在 CorelDRAW X5 中输入一段文字,在文字框上画一个矩形,执行"效果"→"透镜"命令,弹出"透镜"泊坞窗口,如图 9-12 所示。

设置"透明度"和选择"冻结"复选框,如图 9-13(a)所示。设置完成后,单击"应用"按钮,如图 9-13(b)所示。

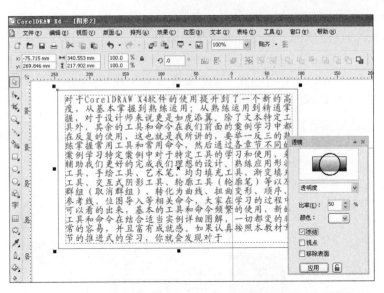

图 9-12 执行"透镜"命令

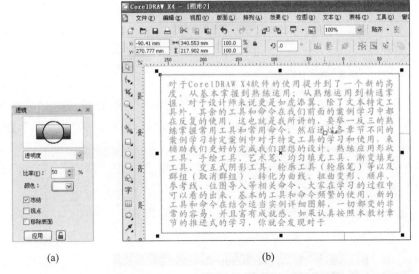

(a)   (b)

图 9-13 执行"透镜"命令后的效果

9.3 CorelDRAW X5 印刷前分色流程图解

对每一项平面设计稿件,最后都要印刷成成品,因此作为一个设计师,更应该清楚地了解印刷的相关常识。平面设计稿件要成为精美的印刷品,印刷前分色就是一个非常重要的环节,下面将 CorelDRAW X5 印刷前分色流程进行图解,希望能给广大设计师一点参考。

9.3.1 简单的"四色"预视分色方法

(1) 在 CorelDRAW X5 中新建一个文件,在工作区绘制一个矩形,填充为 C:30、M:60、Y:50、K:20,如图 9-14 所示。

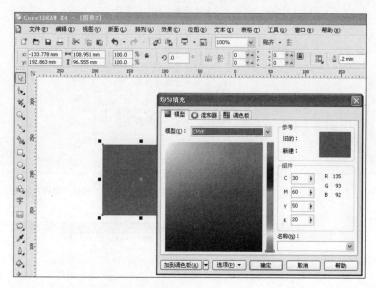

图 9-14 "四色"预视分色方法

(2) 执行"文件"→"打印"命令,或按 Ctrl＋P 组合键,弹出"打印"对话框,设置"名称"为"与设备无关的 PostScript 文件",设置"打印范围"为"当前页",如图 9-15 所示。

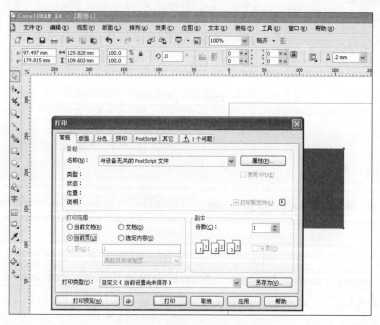

图 9-15 "四色"预视分色方法中"常规"选项卡设置

(3) 在"打印"对话框中选择"分色"选项卡,同时选中"打印分色"复选框,如图 9-16 所示。设置完成后,单击"打印"按钮,弹出"打印到文件"对话框,如图 9-17 所示,保存为一个 PostScript 文件即可。

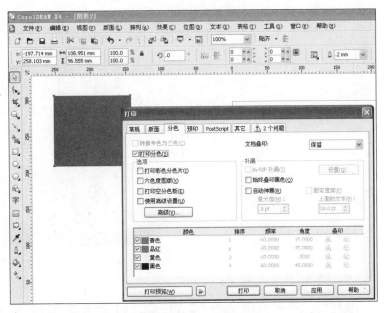

图 9-16 "四色"预视分色方法中"分色"选项卡设置

图 9-17 保存文件

9.3.2 完整的"四色"分色方法

打开所需要输出的文件,或导入 Photoshop 设计完成并存储为"Tiff 格式"的文件。

注意:如果是 CorelDRAW X5 设计制作的文件,要将色彩模式设置成 C、M、Y、K 模式,还要将文字转换为曲线。

（1）在 CorelDRAW X5 中打开事先设计好的文件为实例，如图 9-18 所示。

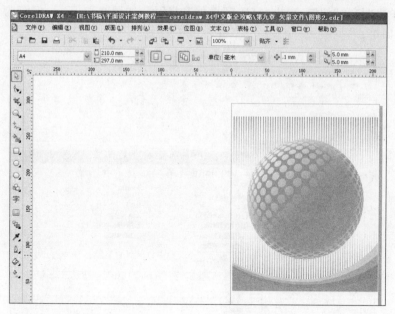

图 9-18　完整的"四色"分色方法

执行"文件"→"打印"命令，或者按 Ctrl＋P 组合键，弹出"打印"对话框，设置"名称"为"与设备无关的 PostScript 文件"，设置"打印范围"为"当前页"，如图 9-19 所示。

图 9-19　完整的"四色"分色方法选项设置（一）

（2）在"打印"对话框中选择"分色"选项卡，同时选中"打印分色"复选框，如图 9-20 所示，在"选项"选项区域中选中"打印空分色板"和"使用高级设置"复选框，如图 9-21 所示。

图 9-20 完整的"四色"分色方法选项设置（二）

图 9-21 完整的"四色"分色方法参数设置（三）

（3）在"打印"对话框中选择"预印"选项卡，参数设置如图 9-22 所示。

"预印"选项卡中的参数设置非常重要，共有 5 个区域部分需要设置。

① 纸片/胶片设置。

现在的印刷可以分为胶印、油印、丝网印、酒精印刷还有快速印刷。

• 胶印：平时所看到的名片，不粘胶这种大多数属于胶版印刷。

• 油印：大多数出版物，大街上发的宣传单，楼书等都是油墨印刷。

丝网印、酒精印刷及快速印刷暂且不谈，因为它们的制作工艺与胶印和油印有些出入。我们平时最常看到的印刷基本上都以胶印与油印为主，而这两种印刷的制作工艺大体上是相同的。

输出的 PostScript 文件是印前的倒数第二道工序，当然最后一道就是输出。这里需要了解所设计制作的成品需要以什么样的形式展现出来（就是印刷出版）。

由于印刷制作工艺的差别，这些差别是由于印刷设备所影响，要了解所选择的印刷

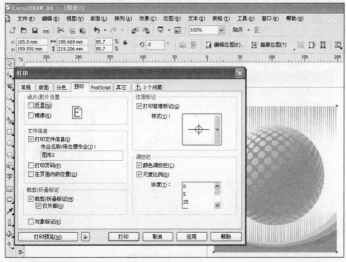

图 9-22 完整的"四色"分色方法参数设置(四)

厂是用什么样的机器印刷需要输出菲林片的要求,所输出的菲林片就有所不同。大体上可分为两种:阴片和阳片(通用菲林输出方式)。例如,有些不粘胶的印刷机器需要阴片,报纸印刷机器需要阴片,所以,设计师就要通过对印刷厂的了解去决定。一般我用单面底片发报纸版的菲林片时就选择镜像,有些不粘胶印刷需要发反转片的就选择反转。

② 文件信息。

"打印文件信息"选项为辅助选项,是为了在菲林片上体现设计师所设计文件信息的,为了方便日后对菲林片的整理,应该选择这一选项。

③ 裁剪/折叠标记。

"裁剪/折叠标记"选项和印刷的最后一个工艺息息相关。裁剪、折叠是为了使设计好的作品在这一步不出什么误差。当然,也可以不选此选项,那就要看印刷师傅的技术和印刷机器的精准度了。

④ 注册标记。

"打印套准标记"是必选项。

⑤ 调校栏。

"颜色调校栏"是必选项。

(4) PostScript 选项卡如图 9-23 所示。

① 网点频率:目前所用的输出设备比较好的菲林输出设备也只支持最高网点频率 200 线的输出,所以这里选择为常用的 200 线。

② 优化选项:不管是软件还是硬件(输出设备),还有印刷设备(包括最新的海德堡四色油印机),对渐变形式的体现都不是很好,也就是都做不到设计中所预想到的效果,所以这里就要优化渐变色。

设置完成后,单击"打印"按钮,弹出"打印到文件"对话框,如图 9-24 所示,保存成一个 PostScript 文件即可。

注意:为了确保印刷成品没有误差,在保存前一定要使用"打印预览"功能看一下。

图 9-23　完整的"四色"分色方法参数设置（五）

图 9-24　保存文件

小结

本章主要针对 CorelDRAW X5 文件的输入、输出和印前设计，通过案例将一些相关的经验做一个介绍，为设计师将设计好的文件在输入、输出和印刷时减少一些不必要的麻烦。CorelDRAW X5 和 Photoshop 是广大设计师非常喜欢的设计软件，这两种不同类型的设计软件，在处理图形图像上具有各自的优势，将它们结合起来使用，可做到优势互补。每一项平面设计的文件一般都要印刷成纸样，因此设计师有必要掌握一些与印刷有关的常识。